LA
Navigation Aérienne

ET

LES BALLONS DIRIGEABLES

PAR

Henri DE GRAFFIGNY

AÉRONAUTE-MÉTÉOROLOGISTE

Ancien rédacteur en chef de la *Science universelle*
Chroniqueur scientifique du *Journal à Everyone*

AVEC FIGURES INTERCALÉES DANS LE TEXTE

PARIS

LIBRAIRIE J.-B. BAILLIÈRE et FILS

RUE HAUTEFEUILLE, 19, PRÈS DU BOULEVARD SAINT-GERMAIN

1888

LA

Navigation Aérienne

ET LES BALLONS DIRIGEABLES

LA

Navigation Aérienne

ET

LES BALLONS DIRIGEABLES

PAR

Henri de GRAFFIGNY

AÉRONAUTE-MÉTÉOROLOGISTE

Ancien rédacteur en chef de *la Science universelle*
Chroniqueur scientifique du journal *l'Estafette*

AVEC FIGURES INTERCALÉES DANS LE TEXTE

PARIS

LIBRAIRIE J.-B. BAILLIÈRE ET FILS

RUE HAUTEFEUILLE, 19, PRÈS DU BOULEVARD SAINT-GERMAIN

—

1888

A LA MÉMOIRE

De Henri GIFFARD et de la LANDELLE

QUI ONT DÉCOUVERT LES PRINCIPES RATIONNELS
DE LA NAVIGATION AÉRIENNE

Et a Gabriel YON et NADAR

QUI ONT CONTINUÉ LEUR ŒUVRE

*Ce livre est dédié comme un témoignage de respect
et d'admiration*

PAR

H. de GRAFFIGNY

PRÉFACE

Les livres sur la navigation aérienne, ce problème si séduisant et non encore entièrement résolu, sont nombreux et le lecteur est souvent embarrassé entre la masse d'ouvrages écrits sur ce sujet si intéressant. En général, ce sont des travaux didactiques résumant l'historique et la description des ballons célèbres, les récits de grands voyages, en un mot tous les faits remarquables de l'histoire aéronautique.

Ce qui différencie le présent volume de ses aînés est la manière toute particulière dont il a été traité.

Préparé à sa rédaction par dix années de travaux spéciaux et de pratique, son auteur est donc plus compétent que nul autre pour parler d'aérostation et de navigation aérienne. C'est pourquoi il a pu ajouter à cet ouvrage une foule de documents qui se trouvaient éparpillés un peu partout, ou qui n'existent dans aucun des travaux similaires, rédigés par des écrivains peu au courant de la question pratique.

De cette expérience, résulte la division en deux parties bien distinctes de ce volume :

La première comprenant tout ce qui est relatif à l'aérostation pure;

La seconde embrassant l'aéronautique et la navigation aérienne.

Des chapitres absolument nouveaux et qui ne se trouvent nulle part ont été ajoutés à cette consciencieuse étude, tels que la construction et la conduite des aérostats, ordinaires ou dirigeables, et la revue des appareils plus lourds que l'air, aéroplanes, etc.

C'est pourquoi nous espérons que ce nouveau travail plaira au public studieux auquel il est destiné.

En général, toutes les conceptions relatives à la navigation aérienne sont frappées d'incapacité native, par suite de l'ignorance pratique complète des inventeurs en ce qui touche cette question difficile. Rien n'est plus facile que de construire soi-même un aérostat, quand on possède une instruction élémentaire; combien peu de personnes connaissent cependant bien ces procédés si simples!

C'est donc dans le but d'apprendre un grand nombre de choses peu connues à ceux qui auront à recourir aux traités spéciaux sur l'aérostation qu'ont été réunis les documents composant ce livre, qui constitue, croyons-nous, le traité le plus complet dans sa forme qui ait été publié jusqu'ici sur l'aéronautique et la navigation aérienne.

H. DE G.

Fontenay-sous-Bois (Seine), 1ᵉʳ octobre 1887.

LA
Navigation Aérienne

ET LES BALLONS DIRIGEABLES

PREMIÈRE PARTIE

L'AÉROSTATION

CHAPITRE PREMIER

HISTOIRE DE LA NAVIGATION AÉRIENNE

Depuis l'antiquité la plus reculée, ces vastes plaines de l'air qui s'étendent au-dessus de nos têtes, sorte de coupole immense dont nous ne pouvons atteindre le faîte, ont tenté les efforts et l'ambition de l'humanité qui en a de tout temps rêvé la conquête, sans y être encore parvenue, malgré les siècles écoulés.

Au début des civilisations, les rêveurs, les poètes, les philosophes même, imbus de fausses idées sur la physique et sur la constitution de l'atmosphère, ima-

ginèrent des moyens bizarres de quitter le sol terrestre et de s'envoler jusque dans les astres rayonnant
dans les profondeurs azurées du firmament.

On imagina des hommes pourvus d'ailes comme
les oiseaux et on donna aux dieux et aux déesses de
l'Olympe des chars aériens remorqués à travers l'espace par des attelages de pigeons, d'aigles ou de
paons ; enfin on inventa la monstrueuse Chimère aux
ailes robustes et Pégase, le coursier docile de Persée
et de Bellérophon.

Que de fables écrites sur le « vide », depuis cet
Abaris qui, à en croire Diodore de Sicile, avait fait le
tour de la terre sur une flèche d'or, présent d'Apollon,
jusqu'au personnage des *Mille et un jours* qui ne
voyageait qu'en char volant; depuis Dédale et Icare
s'enfuyant à tire d'aile de leur sombre prison jusqu'au
railleur et caustique Cyrano de Bergerac. Entre Dédale et Cyrano, que de charlatans, de rêveurs et aussi
de savants et d'inventeurs ont poursuivi de leurs tentatives ou de leurs études ce grand problème tant de
fois séculaire et toujours aussi insoluble !. .

Lucien de Samosate raconte qu'un Grec nommé
Ménippe parvint à s'attacher aux épaules des ailes
d'oiseau, à l'aide desquelles il put s'élever au-dessus
des nuages en imitant le fils de Dédale. Mais comme
le nouvel Icare avait employé une matière moins fu-

sible que la cire, il put braver les rayons du soleil, et continuer son vol audacieux dans les régions qui environnent la terre de toutes parts. Il parvint bientôt dans la sphère de la lune et résolut de s'arrêter pendant quelque temps à la surface de notre satellite, sur lequel les philosophes avaient déjà, de son temps, raconté tant de contes de nature à exciter la curiosité.

Ce fut là que l'audacieux volateur se rencontra avec Empédocle, le philosophe grec qui, descendu dans le cratère de l'Etna dans le but d'y faire diverses recherches, fut surpris par une éruption formidable, et envoyé dans la lune comme un simple projectile cylindro-ogival, ne laissant, pour preuve de son départ vers les régions interplanétaires, que sa sandale d'airain au sommet du volcan.

Au iv⁰ siècle avant l'ère chrétienne, Archytas de Tarente, philosophe pythagoricien ami de Platon, imagina une colombe de bois qui s'éleva dans l'air et vola, paraît-il, réellement. Bien que des volumes entiers aient été écrits sur cette colombe, le mécanisme qui la mettait en mouvement est demeuré inconnu. D'après Aulu-Gelle, « elle volait par le moyen d'un artifice mécanique et se maintenait ainsi suspendue par des vibrations; mais si elle venait à tomber, elle ne se relevait plus ».

Aux débuts du christianisme comme au commencement du paganisme, la question de la conquête de l'air se trouve mêlée aux préoccupations religieuses, et c'est alors que l'on trouve l'aventure, rapportée dans les Livres, et dont Simon, le marchand de sacrements, fut le héros.

Simon le Magicien voulant prouver sa divinité à l'empereur Néron promit de s'élever au ciel à la vue de tout le monde. Le peuple s'assembla pour être témoin d'un phénomène si extraordinaire et Simon s'éleva ou plutôt *fut enlevé par les démons*, en présence d'une foule énorme. Mais saint Pierre s'étant mis en prière, l'action des démons cessa et le magicien s'étant brisé le corps dans sa chute périt à l'instant. Cela arriva pendant la treizième année du règne de Néron.

Il paraît donc certain, d'après ce récit qui s'est transmis sans grande altération jusqu'à nous, qu'à cette époque encore barbare, un homme parvint à quitter le sol par un moyen quelconque, malheureusement resté inconnu.

Il faut franchir un espace de onze siècles pour rencontrer dans une autre Rome, à Constantinople, un volateur essayant de prendre possession du domaine des airs. C'était devant l'empereur Comnène qu'un Sarrasin, qui passait pour magicien, avait demandé de s'élancer du haut de la tour de l'hippodrome, se vantant qu'il traverserait, en volant, toute la carrière. Il était debout, vêtu d'une robe blanche fort longue et fort large, dont les pans retroussés avec de l'osier lui devaient servir de voile pour recevoir le vent. Il n'y avait personne qui n'eût les yeux fixés sur lui et qui ne lui criât souvent : « Vole, vole, Sarrasin, et ne nous tiens pas si longtemps en suspens tandis que tu pèses le vent. » L'empereur, qui était présent, le détournait de cette entreprise vaine et dangereuse. Le sultan des Turcs, qui se trouvait dans ce moment à Constantinople, et qui était aussi présent à cette expérience, partagé entre la crainte et l'espérance, souhaitait d'un côté qu'il réussît, et appréhendait de l'autre qu'il ne pérît honteusement. Le Sarrasin étendait les bras pour recevoir le vent ; enfin, quand il cru l'avoir favorable, il s'éleva comme un oiseau ; mais son vol fut aussi infortuné que celui d'Icare, car le poids de son corps ayant plus de force pour l'entraîner en bas que ses ailes artificielles n'en avaient pour le soutenir, il se brisa les os, et son malheur fut tel, qu'on ne le plaignit pas.

Presque à la même époque, un bénédictin anglais, Olivier de Malmesbury, moitié moine et moitié sorcier, tenta une expérience semblable et qui ne réussit pas beaucoup mieux. Il attacha à ses mains et à ses pieds des ailes fabriquées par lui, suivant la description qu'Ovide nous a laissée de celles de Dédale, et s'élança du haut d'une tour « en prenant le vent »; il avait parcouru, avec le concours de ses ailes, un espace de cent vingt pas à peine quand il tomba à terre et se cassa les jambes. Il traîna dès lors une vie languissante, trompant ses regrets avec cette illusion que, s'il avait eu la précaution d'attacher une queue à ses pieds, il aurait réussi.

D'après une tradition plus incertaine encore, un physicien portugais aurait fait vers 1720 ou 1736 une tentative identique à Lisbonne. « Dans une expérience publique, faite à Lisbonne en 1736, en présence du roi Jean V, un certain Gusman, physicien portugais, s'éleva dans un panier d'osier recouvert de papier. Un brasier, dit M. Turgan, était allumé sous la machine; mais, arrivée à la hauteur des toits, elle se heurta contre la corniche du palais royal, se brisa et tomba. Toutefois, la chute eut lieu assez doucement pour que Gusman demeurât sain et sauf. Les spectateurs, enthousiasmés, lui donnèrent le titre d'*Ovoador* (l'homme volant). Encouragé par ce demi-succès, il s'apprêtait à réitérer l'épreuve, lorsque l'Inquisition le fit arrêter comme sorcier. Le malheureux aéronaute fut jeté dans un *in pace* d'où il serait sorti pour monter sur le bûcher sans l'intervention du roi. »

Ce qui est certain, c'est qu'au XVIIᵉ siècle, les chercheurs avaient la fièvre de l'inconnu et que leurs recherches s'égaraient surtout sur la possibilité de s'élever au-dessus du sol et de s'y maintenir en volant. Albert de Saxe avait été le premier qui avait eu l'idée des principes sur lesquels est basé l'art de la navigation aérienne. Adoptant les idées d'Aristote sur la composition des éléments et considérant, en conséquence, que le feu, d'après l'hypothèse aristotélique, flotte à la surface de l'atmosphère, il émit l'avis qu'une petite quantité de ce feu étant enfermée dans un globe creux, ce globe s'élèverait dans l'air à une certaine hauteur et y resterait en suspens.

Après lui, Francisco de Mendoza, jésuite portugais, mort en 1620, reprit cette théorie et essaya de démontrer que la nature du feu n'était pas un obstacle sérieux, attendu que sa légèreté spécifique et la dilatation de l'air seraient des adjuvants précieux dans le but cherché.

Les alchimistes du XVIIᵉ siècle, Gaspard Schott notamment, s'occupèrent particulièrement des théories aéronautiques. Celui-ci, au lieu de remplir un vase quelconque de feu provenant des régions aériennes supérieures, imagina de remplacer ce feu par une substance éthérée tout aussi difficile à se procurer, car elle flottait, selon lui, au-dessus de l'atmosphère où il fallait l'aller chercher. Schott cite aussi Lauretus Laurus qui prétendait que si l'on remplissait des œufs de cygne ou des ballons de peau avec un mélange de nitre, de soufre et de mercure, ou simplement avec de la rosée recueillie au matin, et qu'on exposât au soleil ces récipients, on les verrait s'élever en l'air.

Ce fut à ces théories saugrenues, embryons et germes de la future aérostation, que Cyrano de Bergerac fit appel dans ses romans si pleins de vraie philosophie et d'agréable raillerie, pour décrire par quels moyens il put s'échapper du sphéroïde terrestre et aller dans la lune puis dans le soleil.

« J'avais attaché autour de moi, dit Cyrano, quantité de fioles pleines de rosée, sur lesquelles le soleil dardait ses rayons si violemment, que la chaleur, qui les attirait, comme elle fait des plus grosses nuées, m'éleva si haut, qu'enfin je me trouvai au-dessus de la moyenne région. Mais, comme cette attraction me faisait monter avec tant de rapidité, qu'au lieu de m'approcher de la lune, comme je le prétendais, elle me paraissait plus éloignée qu'à mon départ, je cassai plusieurs de mes fioles, jusqu'à ce que je sentis que ma pesanteur surmontait l'attraction, et que je redescendais vers la terre. Mon opinion ne fut point fausse; car j'y retombai quelque temps après; et, à compter de l'heure que j'en étais parti, il devait être minuit.

« Cependant je reconnus que le soleil était alors au plus haut de l'horizon, et qu'il était là midi. Je vous laisse à penser combien je fus étonné. »

L'explication de ce fait était fort simple. Pendant la suspension de notre héros au sein de l'atmosphère, la terre avait tourné sous lui, si bien qu'il avait constamment gardé le soleil à son zénith et qu'il était non plus en France mais au Canada. Heureusement cet échec ne devait pas influer sur les résolutions de Cyrano et il fit successivement plusieurs machines pour voyager d'un astre à l'autre. Le système employé par l'intarissable conteur mérite d'être décrit, car l'auteur semble avoir entrevu, sinon deviné, le principe rationnel de ballons par suite de la différence de densité de l'air chaud avec l'air ordinaire.

« Cette machine consistait, dit notre auteur, en une grande boîte fort légère et qui fermait fort juste; elle était haute de six pieds ou environ, et large de trois à quatre. Cette boîte était trouée par en bas; et, par-dessus la voûte, qui l'était aussi, je posai un vaisseau de cristal, troué de même, fait en globe, mais fort ample, dont le goulot aboutissait justement et s'enchâssait dans le pertuis (trou) que j'avais pratiqué au chapiteau.

« Le vase était construit exprès à plusieurs angles et en forme d'icosaèdre (prisme à vingt facettes) afin que, chaque facette étant convexe et concave, ma boule produisît l'effet d'un miroir ardent. »

Par un jour de beau soleil, Cyrano exposa son appareil sur le haut de la tour où il était retenu prisonnier, et il prit place dans sa boîte qu'il ferma.

« Quand le soleil, débarrassé de nuages, commença d'éclairer ma machine, reprend notre auteur, cet icosaèdre transparent, qui recevait à travers ses facettes les trésors du soleil, en répandait par le bocal la lumière dans ma cellule ; et, comme cette splendeur s'affaiblissait à cause des rayons qui ne pouvaient se replier jusqu'à moi sans se rompre beaucoup de fois, cette vigueur de clarté tempérée convertissait ma châsse en un petit ciel de pourpre émaillé d'or.

« J'admirais avec extase la beauté d'un coloris si mélangé, et voici que tout à coup je sens mes entrailles de la même façon que les sentirait tressaillir quelqu'un enlevé par une poulie. J'allais ouvrir mon guichet pour connaître la cause de cette émotion ; mais comme j'avançais la main, j'aperçus, par le trou du plancher de ma boîte, ma tour déjà fort basse au-dessous de moi ; et mon petit château en l'air, poussant mes pieds contre-mont, me fit voir en un tour de main Toulouse qui s'enfonçait en terre.

« Ce prodige m'étonna, non point à cause d'un effort si subit, mais à cause de cet épouvantable emportement de la raison humaine, au succès d'un dessein qui m'avait même effrayé en l'imaginant. Le reste ne me surprit pas, car j'avais bien prévu que le vide qui surviendrait dans l'icosaèdre, à cause des rayons unis du soleil par les verres concaves, attirerait, pour le remplir, une furieuse abondance d'air, dont ma boîte serait enlevée, et que, à mesure que je monterais, l'horrible vent qui s'engouffrerait par le trou ne pourrait s'élever jusqu'à la voûte qu'en pénétrant cette machine avec furie, et la poussant en haut. »

Mais c'est assez nous occuper de choses romanesques ; revenons-en à la réalité.

C'est à l'époque où Cyrano écrivait ses ingénieux romans, que le P. Francesco Lana, Barthélemy Lourenço et le P. Galien donnaient des solutions s'approchant de plus en plus de la réalité.

Le P. Lana proposait d'enlever un bateau muni d'une voile par le moyen de quatre globes en cuivre très mince à l'intérieur desquels on aurait fait le vide. Mais le moyen d'obtenir ce vide était impraticable.

Barthélemy Lourençâo, qu'on ne doit pas confondre avec Gusman l'Ovoador, quoiqu'il vécût vers la même époque, proposait de construire un navire aérien en forme d'oiseau et mû « par le moyen d'une pierre d'aimant et de la force attractive de l'ambre frotté ».

Enfin le P. Galien indiquait, sous le titre de *Récréation mathématique* le moyen de naviguer dans l'atmosphère à l'aide d'un immense bâtiment cubique, « plus considérable en volume que la ville d'Avignon » et rempli d'air puisé dans les hautes régions et par conséquent plus léger que l'air de la surface de la terre.

Ainsi, pas à pas l'aérostation préparait son avènement, et l'époque de l'invention des ballons n'était pas loin. Cependant le vol aérien avait toujours ses partisans.

Allard, danseur du corps royal de ballet, essaya de traverser en volant la terrasse de Saint-Germain, mais sans succès.

Le marquis de Bacqueville se jeta de la fenêtre de son hôtel, situé au coin du quai Malaquais et de la rue des Saints-Pères, mais il ne put traverser la Seine et s'abattit sur un bateau de blanchisseuses en se cassant une cuisse.

Enfin le serrurier Besnier faisait parler de lui et de son appareil. La science avait fait bon accueil à l'invention du modeste artisan et c'est au *Journal des savants* que nous emprunterons la description de l'appareil de Besnier (fig. 1).

« Ces ailes ont chacune un châssis oblong de taffetas, attaché à chaque bout des deux bâtons que l'on

Fig. 1. — Besnier et ses ailes.
(Extrait du *Tableau d'aviation* publié par M. Dieuaide.)

ajustait sur les épaules. Ces châssis se pliaient du haut en bas comme des battants de volets brisés. Ceux de devant étaient remués par les mains, et ceux de derrière par les pieds, en tirant chacun une ficelle qui leur était attachée.

« L'ordre du mouvement était tel, que, quand la main droite faisait baisser l'aile droite de devant, le pied gauche faisait remuer l'aile gauche de derrière, ensuite la main gauche et le pied droit faisaient baisser l'aile gauche de devant et la droite de derrière.

« Ce mouvement en diagonale paraissait très bien

imaginé, parce que c'est celui qui est naturel aux quadrupèdes et aux hommes quand ils marchent, ou lorsqu'ils nagent. On trouvait néanmoins qu'il manquait deux choses à cette machine pour la rendre d'un plus grand usage : la première, qu'il faudrait y ajouter une grande pièce très légère, qui, étant appliquée à quelque partie choisie du corps, pût contre-balancer dans l'air le poids de l'homme ; la seconde, que l'on y ajustât une queue qui servît à soutenir et à conduire celui qui volerait ; mais on trouvait bien de la difficulté à donner le mouvement et la direction à cette espèce de gouvernail, après les expériences qui avaient été inutilement faites autrefois par plusieurs personnes. »

Besnier n'avait pas la prétention de s'élever de terre ni de pouvoir faire en l'air un long trajet ; il voulait seulement franchir de courtes distances. Il s'éleva d'abord du haut d'un escabeau, puis du haut d'une table, ensuite d'une fenêtre, enfin d'un grenier ; et le *Journal des savants* affirme qu'il se servit de ses ailes avec un succès relatif. Le premier appareil construit par lui fut acheté par un baladin qui l'employa avec succès.

La tentative de Besnier date de 1768 ; quatre ans plus tard, un chanoine d'Étampes inventa une voiture volante.

Tout fier de sa découverte, persuadé qu'elle valait une fortune, mais craignant que la simplicité de son appareil n'en rendît l'imitation facile, et lui fît par suite perdre tout le fruit de sa découverte, il déclara qu'il ne tenterait pas l'épreuve d'une expérience publique avant qu'il fût assuré de toucher, en cas de succès, une somme de cent mille livres. Une souscription publique fut ouverte, l'argent réuni et déposé chez un notaire. L'expérience eut lieu.

La machine de l'abbé Desforges avait la forme d'une nacelle ou gondole, elle était longue de 7 pieds et large de 3 1/2, sans compter les accessoires volatils, elle était couverte pour mettre à l'abri de la pluie. Sa construction n'était qu'un assemblage, sans qu'il y entrât aucun clou. Elle avait quatre charnières ; ces quatre charnières étaient les pièces les plus sujettes à se briser du char volant. Elle devait se renouveler toutes les fois que le char aurait fait *trente-six mille lieues*. Elle ne pesait que 48 livres ; mais le conducteur en pesait 150, Desforges lui permettant d'avoir une valise pesant, toute remplie, 15 livres : c'était en totalité 213 livres que la voiture devait porter. Elle était faite de manière que ni les grands vents, ni les orages, ni la pluie ne pouvaient la briser ni la culbuter. Elle pouvait, en cas de besoins, servir de bateau.

Quant au conducteur, pour ne pas être incommodé

par la trop grande influence de l'air, Desforges lui appliquait sur l'estomac une grande feuille de carton. Il lui donnait aussi un bonnet de même matière pour lui couvrir toute la tête. Ce bonnet était pointu comme la tête d'un oiseau, et était garni de verre vis-à-vis des yeux pour pouvoir diriger sa route.

On pouvait, avec cette machine, faire 36 000 lieues en quatre mois, en ne faisant que 300 lieues par jour, et 30 lieues par heure, ce qui ne donnerait que dix heures de travail par jour.

L'expérience se fit à Étampes dans l'été de 1772. Le chanoine monta dans sa voiture et en fit mouvoir les ailes; mais elles semblaient tenir d'autant plus au sol qu'il les remuait davantage, et cette voiture roulante, qui devait faire 300 lieues par jour, ne put même pas s'élever de terre.

Tel était l'état de la question quand survint Montgolfier, qui devait donner la solution du problème et créer, sinon le navire aérien, au moins la bouée atmosphérique, le ballon, mobile à volonté seulement dans le sens vertical et qui a rendu tous les services qu'il était possible de lui demander.

Ainsi, par tous ces travaux, par tous ces essais, par toutes ces recherches, le champ était ensemencé et, forcément, fatalement, l'heure était arrivée où l'aérostat devait apparaître. Cette découverte était dans l'air, si l'on peut dire, et devait éclater. Aussi Montgolfier survint-il et fit-il accomplir le premier pas à cette science rudimentaire en donnant à l'homme un coursier et un char pour visiter les plages aériennes et les profondeurs atmosphériques. On touchait à l'année 1783, l'aurore de la grande Révolution ébranlait sourdement les couches du vieux monde et l'on prévoyait déjà une ère nouvelle et féconde en progrès.

CHAPITRE II

HISTOIRE DES BALLONS

C'était le 5 juin 1783, — il y a déjà plus d'un siècle de cela ! — la population d'Annonay, petite ville du Vivarais, dans les Cévennes, et les membres de l'assemblée provinciale, considèrent avec incrédulité et sans rien comprendre à l'expérience promise, le grand sac de toile de papier qui gît là, flasque et vide, dans l'avant-cour du couvent des Cordeliers. Cependant, tandis que chacun doute de la réussite de la tentative qui va avoir lieu, les deux expérimentateurs, Étienne et Joseph de Montgolfier, sont tranquilles et ils ont de bonnes raisons pour cela. Ils se rappellent qu'au mois de novembre précédent, 1782, Joseph avait pour la première fois réalisé la pensée de renfermer de l'air chaud dans une enveloppe légère et avait vu le petit ballon de taffetas, de moins de 2 mètres cubes, qu'il avait construit, s'élever dans leur chambre jusqu'au plafond, comme un nuage artificiel. Ils savent que, ayant construit ensuite un ballon de plus de 20 mètres cubes de capacité, cette enveloppe, dès qu'elle a été pleine d'air chaud, s'est élevée avec assez de force pour rompre ses liens, bondir à mille pieds de haut et aller retomber sur les coteaux des environs. Enfin la sécurité de Joseph et d'Étienne de Montgolfier est d'autant plus grande que le vaste sac de 750 mètres cubes qui gît maintenant devant les notabilités de la ville a été déjà gonflé deux fois d'air chaud, le 3 et le 25 avril, et que, cette dernière fois le ballon à feu s'est échappé et s'est élevé à 400 mètres de haut pour redescendre, dix minutes plus tard, à un quart de lieue de l'endroit où on l'avait rempli.

Enfin, le signal est donné ; le feu est allumé, la paille flambe, l'air chaud pénètre dans le globe qui se gonfle et se tend. Les aides se sentent soulevés de terre, et la foule admire, pétrifiée d'étonnement, l'immense sphère qui oscille au souffle du vent. Les cordes sont alors coupées et, au milieu des cris d'enthousiasme, le ballon s'élance comme une hirondelle dans la nue, et le nuage humain rejoint ses frères les nuages célestes. Le boulet de la pesanteur qui nous rattachait à la terre était définitivement rompu et les Titans avaient vaincu Jupiter.

La nouvelle de l'expérience des Montgolfier à Annonay se répandit comme une traînée de poudre dans toute la France. A Paris, une souscription fut ouverte par le professeur Faujas de Saint-Fond, et en quelques jours terminée, pour recommencer ce qu'avaient fait les deux frères à Annonay. Ce fut le physicien Charles, dont la renommée était considérable, qui fut chargé de rééditer cette expérience. Sur les conseils du savant professeur, qui ignorait cependant le fluide dont les Montgolfier avait fait usage pour gonfler leur ballonneau et produire son ascension, les frères Robert, habiles constructeurs d'instruments de physique, construisirent un globe en soie, de 40 mètres cubes de capacité intérieure. Puis Charles, sachant simplement qu'il fallait faire usage d'un gaz plus léger que l'air, décida de le remplir d'air inflammable (hydrogène) découvert en 1650 par l'Irlandais Robert Boyle, et étudié vers 1760 par un grand seigneur anglais trente fois millionnaire, Cavendish.

Le 27 août, à 5 heures de soir, devant une foule estimée à trois cent mille personnes, le premier aérostat à hydrogène partait du Champ-de-Mars, atteignait 1500 mètres d'altitude et venait tomber à Gonesse près de Paris.

Tout le monde sait que l'infortuné ballon, pris pour un monstre apocalyptique, fut exorcisé par le curé du lieu, puis attaché comme Brunehaut à la queue d'un cheval, qui bientôt réduisit à l'état de loque informe cet appareil qui avait coûté tant de soins et d'argent.

A la même époque, Charles publiait dans les journaux le programme de l'ascension « d'un globe de soie devant porter deux voyageurs, lesquels s'élèveraient à ballon perdu et tenteraient en l'air des observations et des expériences de physique ».

Il annonçait en même temps qu'une souscription de 10 000 francs était ouverte.

Deux jours après, la somme était souscrite, et à un mois de distance, un magnifique ballon de 9 mètres de diamètre transporté au jardin des Tuileries.

L'appareil de production de l'hydrogène, composé de vingt-cinq tonneaux, fut placé dans le grand bassin, et l'ascension fixée au 1er décembre 1783.

A 2 heures, quatre cent mille spectateurs étaient réunis aux Tuileries quand le bruit se répand que le roi s'oppose à l'ascension de Charles et Robert. Charles court chez le ministre et lui déclare qu'il va se brûler la cervelle si cette interdiction, si fâcheuse pour son honneur, n'est pas immédiatement levée, et le ministre prend sur lui d'accorder l'autorisation.

Alors Charles fait couper par M. de Montgolfier la corde qui retenait un petit ballon-pilote en lui disant :

« C'est à vous, Monsieur, à nous montrer la route des airs. » Des bravos frénétiques éclatent, et l'aérostat portant Charles et Robert s'élève majestueusement, tandis que les soldats qui l'entourent présentent les armes aux nouveaux conquérants de l'air !

Les voyageurs, à 3 h. 1/2, se mettaient en descente dans les plaines de Nesle, et trouvaient pour signer le procès-verbal de leur ascension le duc de Chartres et trois cavaliers qui les suivaient depuis Paris.

Robert descendit de la nacelle et Charles, calculant la hauteur où le pouvait porter cet excès de force ascensionnelle, dit aux assistants qu'il allait repartir et redescendre dans une demi-heure.

Il s'élance, atteint en dix minutes 1524 toises d'altitude, et descend après trente-cinq minutes de voyage à la Tour du Lay.

L'enthousiasme fut indescriptible après cette remarquable ascension, et il était pleinement justifié, car Charles avait créé de toutes pièces la nacelle, le filet, le vernis de l'enveloppe, la soupape, l'usage du lest et du baromètre.

En même temps que le professeur Charles exécutait son premier (et dernier) voyage en ballon à gaz, Montgolfier, qui était venu à Paris, remportait d'autres succès avec ses aérostats à feu.

La première expérience publique avait eu lieu, on s'en rappelle, le 5 juin 1783, à Annonay. Le 19 septembre suivant, un mois après l'ascension du petit ballon à hydrogène de Charles au Champ-de-Mars, un grand aérostat à feu s'élevait de Versailles, devant les yeux étonnés de Louis XVI et de toute sa cour, et en emportant dans les airs des voyageurs qui étaient un mouton, un coq et deux poules,

Devant ces succès réitérés, Montgolfier se mit à construire un grand ballon à feu de 1600 mètres cubes qui fut essayé dans les jardins du constructeur même, lequel était Réveillon qui demeurait au faubourg Saint-Antoine. Pour la première fois, un homme osa se confier à la machine aérostatique, et cet homme était un professeur de sciences comme Charles, un Messin nommé Pilâtre de Rozier.

La première ascension fut captive et Pilâtre resta quatre minutes un quart à 80 pieds de terre ; c'était le 15 octobre 1783 ; le 17, seconde expérience, peu concluante, celle-là ; le 19, trois autres expériences à la troisième desquelles s'associa Giroud de Villette ; dans cette ascension, la hauteur atteinte fut de 324 pieds et sa durée de neuf minutes.

Puis le marquis d'Arlandes fit avec Pilâtre une quatrième expérience également couronnée de succès. Enfin, le premier voyage à ballon libre eut lieu.

C'était le 24 novembre, jour à jamais mémorable dans l'histoire des sciences.

Elle eut lieu au château de la Muette, et nous ne reviendrons pas sur la narration tant de fois faite de cette ascension dans laquelle Pilâtre et son courageux compagnon démontrèrent ce que peut la bravoure unie à la science.

La descente eut lieu au moulin de Croulebarbe, après une route de 5000 toises et une durée de vingt-cinq minutes.

Le procès-verbal fut signé, entre autres noms illustres, par Benjamin Franklin et par Faujas de Saint-Fond, l'infatigable et consciencieux historien de l'aérostation.

Dès lors l'essor était donné et ne devait plus se ralentir. De tous côtés les ascensions se multiplièrent.

Dès la fin de 1783, le charpentier Wilcox s'enlevait en ballon de Philadelphie, dans la toute jeune République américaine.

Le 19 janvier 1784, ce fut de Lyon que partit la monstrueuse montgolfière *le Flesselles*, commandée par Joseph de Montgolfier, et dont la capacité n'était pas moindre de 20 000 mètres cubes.

Le 20 juin, ce fut de Versailles que l'infatigable aéronaute Pilâtre de Rozier s'éleva en compagnie du chimiste Proust. Ce fut même le plus long voyage

qu'eût exécuté jusque-là un ballon à feu. La montgolfière fit 13 lieues et monta à près de 4000 mètres. Les frères Gerli, à Milan, et le professeur Camus,
à Rodez, qui avaient fait, un peu auparavant, de semblables ascensions, avaient poussé beaucoup moins
loin leurs excursions aériennes.

Les ascensions à l'aide de ballons à gaz hydrogène
devenaient aussi chaque jour plus nombreuses. Un
mécanicien rouennais nommé Blanchard, qui cherchait sans la trouver la navigation aérienne à l'aide
d'une machine munie d'ailes et de rames, avait eu
l'idée vraiment pratique d'exécuter des ascensions
publiques et payantes dans toutes les grandes villes.
Ce fut ainsi qu'il s'éleva du Champ-de-Mars de
Paris, de Londres et de Rouen en 1784, et qu'il exécuta la traversée du détroit du Pas-de-Calais, d'Angleterre en France, pour prouver l'excellence de ses
rames comme moyen de direction.

Le 7 janvier 1785, Blanchard partit du rocher de
Douvres, accompagné du docteur Jeffries, et en présence d'une foule considérable. Après avoir débarrassé
l'aérostat, trop chargé, d'une partie de son lest, pour
ne pas retomber sur la ville, les voyageurs s'enga-
gèrent au-dessus de la Manche. Le docteur Jeffries,
qu'il faut croire de préférence au fanfaron Blanchard,
raconte comme suit cette traversée, dans une lettre

adressée par lui dès le 8 janvier, à M. Joseph Banks
et à ses amis de Londres :

« Le ciel a couronné mes plus ardents désirs d'un
succès complet. Je ne peux vous décrire la magnifi-
cence et la beauté de notre voyage. Quand nous
étions au milieu du détroit, et à une grande élévation,
nous avions devant nous un spectacle dont je dois
renoncer à donner une idée.

« Nous avons emporté neuf sacs de lest, qui n'ont
duré que jusqu'aux deux tiers de la route, parce que
nous avons eu à combattre la tendance de notre ballon à descendre. Lorsque nous nous trouvions à 5
ou 6 milles de la côte française, comme l'aérostat
faisait mine de s'approcher encore de la surface de la
mer, mon noble petit capitaine me donna l'ordre d'enlever tout ce qui pouvait alourdir notre nacelle, et
joignant l'exemple au précepte, il se mit à arracher
les draperies et les ornements de soie qui la déco-
raient. Ce sacrifice ne suffisant pas, nous jetâmes
d'abord une rame, puis l'autre ; après cela, je fus
obligé de dévisser notre *moulinet* et de le lancer à son
tour. Comme nous approchions de plus en plus de la
mer, les marins qui nous suivaient en bateau pous-
sèrent des cris qui nous firent penser qu'ils étaient
alarmés pour notre sûreté. Nous nous décidâmes donc
à laisser tomber successivement nos deux ancres.

Mon petit héros tira alors son paletot et le lança par-dessus bord ; je ne pouvais m'empêcher de l'imiter. Ceci fait, il se dépouilla de son pantalon. Nous endossâmes alors nos ceintures de liège, nous attendant à être bientôt immergés. Heureusement, à ce moment, nous nous aperçûmes que le mercure du baromètre commençait à baisser, et nous nous élevâmes à une hauteur beaucoup plus grande que toutes celles auxquelles nous étions encore parvenus. Nous fîmes en France une entrée magnifique exactement à 3 heures, il y avait sept quarts d'heure que nous étions partis [1].

« Au moment ou nous dépassions la côte, le ballon était dans la phase ascendante, que nous l'avions obligé à suivre en sacrifiant brusquement presque tout notre lest, et l'arc que nous décrivîmes ainsi fut tellement prononcé, que nous allâmes d'un seul trait à 12 milles dans l'intérieur du pays. Nous descendîmes tranquillement dans la forêt de *Felmore*, presque aussi nus que les arbres, n'ayant à bord ni un morceau de fer ni un cordage pour nous aider, et à plusieurs milles de tout secours humain. Tout ce que mon bon petit capitaine me demanda de faire fut de

---

[1] Par une coïncidence singulière, c'est juste le temps que mettent les steamers à vapeur pour la traversée.

me cramponner aux premières branches d'arbres dont je pourrais me saisir. Je réussis bien plus facilement que je ne le pensais. Vous auriez certainement ri en nous voyant tous deux dépouillés de nos vêtements et occupés l'un et l'autre à manœuvrer avec une activité fébrile.

« M. Blanchard s'acharnait à tirer la corde de la soupape (fig. 2), et moi je me cramponnais de toutes mes forces à la tige d'un arbre élevé. Le ballon s'agitait au-dessus de nos têtes, et je sentais que mes bras se fatiguaient, car l'opération fut très longue, nous ne mîmes pas moins de vingt-huit minutes à diminuer ainsi la force ascensionnelle de notre ballon pour pouvoir sortir de la nacelle sans danger. »

L'idée première de la traversée de la Manche appartenait cependant sans conteste à Pilâtre de Rozier, qui, pour mener cette expédition à bonne fin, s'était associé à un ancien procureur au bailliage de Rouen, nommé Pierre Romain, et avait imaginé et construit une aéro-montgolfière, union du ballon à gaz et de la montgolfière. Ce fut pendant les préparatifs de l'expérience et alors que Pilâtre attendait un vent favorable que son compétiteur Blanchard prit l'avance et accomplit la traversée du Pas-de-Calais.

Ce fut un rude coup pour Pilâtre, d'autant plus que M. de Calonne, ministre dispensateur des subsi-

Fig. 2. — Descente de Blanchard et de Jeffries dans la forêt de Guines.

des de son expérience, s'était impatienté et lui avait intimé l'ordre « de passer au plus tôt le détroit ». Il fallait se soumettre à cette injonction, et quoique l'entreprise n'eût plus le mérite de la nouveauté, Pilâtre se remit à l'ouvrage, quoique ayant le pressentiment de sa mort prochaine.

Deux tentatives infructueuses, dans lesquelles l'appareil souffrit beaucoup, eurent lieu le 22 et le 30 janvier; la tempête défia tous efforts et M. de Calonne, s'irritant toujours de retards inexplicables pour lui, pressait les aéronautes de partir.

Le 18 avril, troisième expérience, mais les vents, favorables alors, changent brusquement; les deux associés se débattaient dans de cruels embarras d'argent. Il fallait partir coûte que coûte, et le 13 juin 1785, le ballon fut regonflé.

Un officier supérieur, M. de Maisonfort, offrit 200 louis pour son passage, mais Pilâtre refusa, ne voulant exposer que lui-même et son associé.

L'aéro-montgolfière s'élève, chacun l'observe avec crainte, bientôt elle est sur la mer à cinq quarts de lieue et à 700 pieds d'altitude : il y a vingt-sept minutes qu'elle a quitté terre quand le vent change et la ramène sur le rivage ; on croit apercevoir quelques mouvements insolites des voyageurs, ils abaissent le réchaud, une flamme violette paraît au haut de l'aérostat, l'enveloppe se replie et les infortunés aéronautes sont précipités et tombent à terre en face de la Tour de Croy, à cinq quarts de lieue de Boulogne et à trois cents pas de la mer !

On vole à leur secours. Pilâtre était dans la galerie, les os brisés de toutes parts. Romain respirait encore, mais il expirait sans prononcer un mot au bout de quelques minutes.

M. de Maisonfort, que le généreux refus de Pilâtre avait sauvé d'une mort affreuse, s'exprime ainsi :

« J'ai examiné la montgolfière, qui n'avait rien éprouvé de fâcheux, n'étant ni brûlée, ni même déchirée; le réchaud, encore au centre de la galerie, s'est trouvé fermé au moment de la chute: la machine paraissait être alors à 1700 pieds en l'air. »

Deux monuments furent élevés à Pilâtre de Rozier et à Romain, l'un dans le cimetière de Vimille, l'autre à l'endroit même de leur chute [1].

Pendant ce temps, Blanchard continuait ses succès, et, appelé par les municipalités enthousiastes de le voir s'élever en ballon devant elles, il exécutait de nombreux voyages aériens à Nancy, Douai, Londres, Bruxelles, Liège, Hambourg, etc. Mais la science

[1] Voir le *Centenaire de Blanchard et de Pilâtre de Rozier* (*Science et Nature*, t. III, 1885, p. 404).

n'avait rien à gagner avec les ascensions publiques de
ce simple saltimbanque, qui, de même que les aéronautes de nos jours, n'avait en vue que d'obtenir une
tapageuse célébrité peu méritée en exerçant un métier
périlleux et grassement rémunéré. Mais l'heure de la
Révolution s'avançait à grands pas et, quand éclata
l'épouvantable coalition de l'Europe contre la France,
les aéronautes disparurent dans la tourmente, et on
ne pensa plus à aller admirer leurs pompeuses ascensions publiques.

Cependant, l'aérostation, science française, n'avait
pas été abandonnée à l'heure du péril, et au moment
où nous étions entourés d'ennemis. On comprit ce
que les ballons pouvaient donner à la patrie et, comme
on le verra plus loin dans un chapitre spécial, des
corps d'aérostiers militaires furent organisés, équipés,
munis de ballons et d'appareils à gaz hydrogène, puis
envoyés aux armées où ils furent d'une incontestable
utilité.

L'ouragan apaisé, quand la paix se fit, c'est-à-dire
vers 1795, les aéronautes de fête se rappelèrent à
l'attention du public. Blanchard eut alors des rivaux
puissants, et il eut pour successeur dans l'estime des
grands et de la foule Garnerin, l'inventeur du parachute. Il mourut, impopulaire et pauvre, en 1809,
disant à sa femme qu'elle n'aurait d'autre ressource

après lui que de se noyer ou de se pendre. Mais Sophie Blanchard était un caractère énergique : elle ne se pendit ni ne se noya; au contraire elle se fit aéronaute comme son mari, mais moins heureuse que lui encore, elle fut la troisième victime de l'aérostation et se tua en 1819 à la suite d'une ascension nocturne pendant laquelle, en voulant allumer le feu d'artifice suspendu au ballon, elle enflamma le gaz sortant à flots de l'appendice ouvert.

Ce fut au commencement du siècle qu'eurent lieu les première ascensions purement scientifiques, et qui attirèrent l'attention des sociétés savantes sur les études que les aérostats permettaient de faire. Ces ascensions eurent lieu d'abord à Hambourg par Robertson et Lhoëst qui s'élevèrent à 7400 mètres, puis à Paris par Biot et Gay-Lussac. Nous verrons dans le chapitre suivant quels ont été les résultats de ces excursions.

A la même époque, un savant italien nommé Zambeccari cherchait la solution de la navigation aérienne à l'aide d'un ballon à gaz extérieurement chauffé à l'aide d'une lampe à esprit-de-vin. Comme l'on peut s'en rendre facilement compte, le danger était permanent et aucunement en rapport avec les résultats qu'il était permis d'espérer avec un moyen aussi bizarre de direction. Après des tribulations, des accidents, des catastrophes même sans nombre, Zambeccari finit par se tuer en 1812 avec son appareil qui s'était enflammé au milieu des airs.

Ce fut dans le cours de cette même année 1812 que l'horloger autrichien Deghen fut houspillé de la belle manière au Champ-de-Mars, par la faute de son ballon qui, comme la montgolfière de Miollan et Janninet en 1785, au Luxembourg, n'avait pu s'enlever. La curiosité de la foule, fatiguée par la répétition du même spectacle, était d'ailleurs autre part, et les ballons tombaient dans le discrédit le plus complet.

De 1812 à 1848, on ne trouve guère, comme méritant d'être signalés, que l'expérience du ballon du colonel de Lennox en 1834, ballon qui, comme celui de Deghen, fut mis en pièces par une foule furieuse ; le voyage de longue durée du ballon *le Nassau* qui, parti le 1ᵉʳ novembre de Londres, atterrit le lendemain en Allemagne sur les bords du Rhin ; la chute et la mort de Cocking, savant anglais qui avait inventé le *parachute renversé*, enfin les ascensions de Dupuis-Delcourt, « aéronaute officiel du roi Louis-Philippe ».

En 1850, la question de la navigation aérienne est revenue à l'ordre du jour, et les frères Sanson, le Dʳ van Hecke, Le Berrier, Petin, font parler de leurs ballons dirigeables de formes plus ou moins bizarres. En 1852 et 1855, c'est Henri Giffard qui exécute ses deux expériences avec son ballon à vapeur ; enfin, en 1860, c'est M. Delamarne avec son vaisseau à hélice.

Pendant qu'en Angleterre, M. Glaisher, marchant courageusement sur les traces de Biot et Gay-Lussac, de Bixio et Barral, avec la ferme volonté de faire mieux encore que n'avaient fait ces physiciens ; pendant que la météorologie marchait à pas de géant de l'autre côté du détroit, en France, Nadar lançait son fameux manifeste de l'autolocomotion aérienne, et, dans le but de construire une aéronef plus lourde que l'air, naviguant dans l'atmosphère sans la puissance soulevante d'un ballon, il organisait les ascensions fameuses du ballon *le Géant* dont on se rappelle les terribles péripéties et la chute en Hanovre après un formidable traînage presque unique dans les annales aérostatiques.

Sept ans plus tard, les ballons devaient rendre au pays qui avait assisté à leur découverte un nouveau genre de services. Toutes les voies de communications ayant été interrompues, Paris était demeuré séparé du reste du monde. La poste aérienne fut alors créée, et malgré le blocus allemand, on put correspondr quand même avec la province.

La guerre terminée, les aéronautes reprirent confiance dans les ballons qui avaient été, cette fois encore, d'une si incontestable utilité. Des savants comme

MM. Tissandier, Camille Flammarion, exécutèrent spontanément des voyages scientifiques, dont les résultats furent assez grands. De leur côté, les inventeurs, les chercheurs, se mirent à l'étude, et chaque année on vit surgir des projets de ballons dirigeables, mais impossibles à diriger, et qui ne firent que peu avancer la question.

Parmi les ascensions qui méritent d'être rapportées, citons celles qui eurent pour but la traversée de la Manche, déjà franchie d'Angleterre en France par un grand nombre d'aéronautes, comme Blanchard, Green, Burnaby, Birne, John Simmons, etc. Ce fut un Français nommé Loste, ancien ferblantier devenu aéronaute par occasion et ne possédant pas la moindre instruction théorique ou pratique, qui eut la gloire de traverser le premier, et à trois reprises différentes, la Manche, d'abord en partant de Boulogne, ensuite en partant de Cherbourg. Les voyages du *Zénith*, de Paris à Arcachon, et de *l'Horizon*, de Paris à Aarau en Suisse, sont ensuite les voyages aérostatiques les plus remarquables accomplis depuis 1870, surtout au point de vue de la durée du séjour.

Depuis 1783, voici la liste à peu près complète des aéronautes qui sont morts à la suite de leurs expériences. Le total s'élève à quarante personnes.

1785 Pilâtre de Rozier et Romain, à Boulogne-sur-Mer.

1819 Mort de Mme Blanchard à Paris.

1801 Mort d'Olivari, à Orléans (incendie de la montgolfière).

1806 Mort de Mosment à Lille.

1812 Zambeccari se tue à Bologne.

1812 Bittorf se tue à Manheim.

1824 Sadler s'assomme à la descente, à Bolton.

1840 Leturr (homme volant) est tué à Londres.

1846 Cocking, à Londres (chute de 1200 mètres de haut).

1847 Emma Verdier est trouvée asphyxiée dans sa nacelle.

1850 Goulston, en Amérique.

1850 Georges Gale se tue à Bordeaux.

1850 Harris, à Londres (la soupape ne s'étant pas refermée).

1854 Arban disparaît dans les Pyrénées.

1858 Deschamps, en France.

1863 Donaldson et Grimwood se tuent en Amérique.

1870 Prince et Lacaze, marins, perdus en mer.

1873 Mort de la Mountain à Iowa (États-Unis).

1874 Mort de l'homme volant de Groof, à Londres.

1875 Asphyxie à 8600 mètres de Crocé-Spinelli et Sivel.

1875 Braquet tombe de son trapèze à Royan.

1876 Triquet fils se tue pendant un traînage à Issy.

1879 Petit tombe de 600 mètres au Mans.

1880 Charles Brest se noie dans la Méditerranée.

1880 D'Armentières se noie dans la Méditerranée.

1880 Navarre tombe de sa montgolfière à Courbevoie.

1881 M. Powell disparaît avec le ballon *le Saladiu*.

1883 Laurens, à Philadelphie.

1883 Mayet se tue à Madrid (chute de sa montgolfière).

1885 Williams Clarence, à Charlestown (Ohio).

1885 Jules Eloy se perd en mer.

1885 Gower se noie dans la Manche.

D'après cette statistique, on peut se rendre compte qu'il y a environ un mort et trois blessés grièvement pour cinq cents ascensions en ballon. La majeure partie des accidents a été due à l'emploi de montgolfières ou de ballons mal construits, fautes qu'il n'y a rien de plus facile à éviter.

Voici d'ailleurs le relevé des accidents qui ont eu lieu depuis 1873 jusqu'à 1885, c'est-à-dire dans un espace de douze ans.

ANNÉES	ASCENSIONS	AÉRONAUTES	BLESSURES GRAVES	INCIDENTS
1874	68	129		31 août, M. et Mᵐᵉ Duruof, à Calais, descendent dans la mer du Nord. Chutes en mer, à Calais, Marseille, Montreuil-sur-Mer, Copenhague.
1875	119	223	29 mars, E. Godard et trois voyageurs, à Bayonne. Traversée des Pyrénées ; blessures, contusions. 8 décembre Montreuil. Chute de *l'Univers*. Colonel Laussedat, trois fractures jambe droite ; Colonel Mangin, fracture du tibia ; E. Godard, fracture de la rotule ; Capitaine Renard, fracture du péroné.	2 mai, Paris. Crocé-Spinelli, Sivel, Tissandier, Duruof et W. de Fonvielle, ascension à grande hauteur. 22 mars, Paris. Crocé-Spinelli, Sivel et voyageurs, ascension de longue durée (23 heures). 20 sept., à Paris, Triquet et Perron. Chute du ballon sur le train d'Orléans à Paris. Chutes en mer, à Brest, Nantes, Alger et Grandville.
1876	95	157	16 avril. Camille d'Artois et deux voyageurs, au Mans. Chute de 20 mètres de hauteur. C. d'Artoi, fracture cuisse gauche, blessure interne ; Gauffray, Pelletier, jambe brisée. 6 mai. Lenormand, à Courbevoie, évanoui à grande hauteur. 7 mai. Un homme accroché au ballon par une jambe est sauvé par l'aéronaute. 5 juin Duruof et W. de Fonvielle, à Rouen. Descente en Seine.	2 juillet. Glorieux, à Lille, ascension équestre. 3 juillet, à Lille. 7 août, à Roubaix. 26 septembre, Bruxelles. Glorieux descend en parachute. 24 juin. E. Godard. Traversée du Havre à Honfleur. 20 août. Duruof et Barret, à Cherbourg. Descente en mer. Chutes en mer, à Bayonne, Gênes, Nice, Marseille, Nantes, le Havre, Cherbourg.
1877	157	184	22 juillet. Goudesone, à Lille. Contusions à la tête, à la descente.	6 mai, Gratien, à Paris. Descente de la montgolfière sur un balcon de la rue de Puebla.

ANNÉES	ASCENSIONS	AÉRONAUTES	BLESSURES GRAVES	INCIDENTS
1877	137	184	2 septembre. Porlié, à Arras. Déchirure de la montgolfière et chute de 400 mètres de hauteur dans les fossés de la ville. Fortes contusions aux bras.	27 mai. Blondeau, à Montpellier. Descente dans l'étang de Thau. 9 juin. C. d'Artois, à Paris. Descente du ballon sur un balcon du boulevard Magenta.
1878	81	131		12 mai. Petit, à Agen. Choc contre le clocher de la cathédrale, descente par l'escalier de la tour.
1879	70	123	11 septembre. Fanny Godard, à Amsterdam. Descente dans le Zuyderzée. Bras luxé. 8 juin. Triboulet, à Arcueil. Descente dans la Seine. Bras démis.	24 août. Duruof et Salomon, à Cherbourg. Descente en mer.
1880	151	284	17 mai. Perron, Gauthier, Pomairol et Gasté, à Angers. Traînage violent, deux personnes blessées grièvement. Langlois, Jeannest; M. et Mme Jovis, à Rennes. Jovis, côte enfoncée. Langlois, contusions graves.	20 octobre. Perron, W. de Fonvielle et commandant Cheyne, à Sydenham. Descente en mer. 28 novembre. Jovis, à Marseille. Descente en mer. 9 août. Perron et Gauthier, à Cherbourg. 8 kilomètres en mer; retour à terre par courants alternés. Chutes en mer, à Marseille, Sydenham, la Rochelle et Cherbourg.
1881	123	203	17 avril. Toulet, à Bruxelles. Pied foulé à la descente.	6 mars. Jovis, à Nice. Descente en mer. 14 juillet. Lair et Desportes, à Lyon. Incendie du ballon à la descente.

ANNÉES	ASCENSIONS	AÉRONAUTES	BLESSURES GRAVES	INCIDENTS
1881	123	203		16 octobre. Mlle Albertine, à Reims. Descente de la montgolfière dans le déversoir d'un moulin. 10 décembre. (Ascension anglaise pour mémoire.) Powel, perdu en mer. Chutes en mer à Cannes, Nice, Montpellier, Honfleur, Marseille.
1882	149	260	7 mai. G. Mangin et Marsallan, à Paris. Pied foulé et nez cassé à la descente. 14 juillet. Perron et Cottin, à Paris. Le ballon se déchire à 703 mètres; chute des aéronautes en 80 secondes; ils tombent impasse Chevalier, à Saint-Ouen, sur une toiture. Cottin, quelques contusions.	28 mars. Jovis et Ginesty, à Menton. Descente en mer. 11 juin. Julhes, à Bordeaux. La montgolfière s'accroche, au départ, à une toiture sur laquelle l'aéronaute reste; le ballon s'échappe. Chutes en mer à Menton, Saint-Raphaël, Nantes, Saint-Omer.
1883	183	607	7 mars. Franchette et Bourdon, à Paris. Franchette, cheville foulée; Bourdon, contusions au visage. 11 août. Evans, à Boulogne-sur-Mer. Contusions légères à la descente. 17 août. Gratien et Albertine, à Royan. Gratien est saisi par une corde, au départ, à deux doigts de la main gauche et reste 18 minutes en l'air dans cette position. Graves contusions à la descente.	1er avril. Mlle Albertine, à Compiègne. Descente de la montgolfière dans l'Oise. 8 juillet. Duruof, à Saint-Pierre-lez-Calais. Descente en mer. 14 juillet. Graffigny, à Coutances. Le vent pousse l'aérostat sur un des clochers de la cathédrale où il se déchire; chute. 13 août. Lhoste, à Calais. Descente en mer. 9 septembre. Lhoste, à Boulogne-sur-Mer, première traversée de la Manche, de France en Angleterre.

ANNÉES	ASCENSIONS	AÉRONAUTES	BLESSURES GRAVES	INCIDENTS
1883	183	602		Chute en mer, à Saint-Omer, Boulogne-sur-Mer, Marseille, Rochefort, Dieppe, Saint-Pierre-lez-Calais, Amsterdam.
1884	151	257	3 août. Gaudron, à Noisy-le-Sec. Ascension sans nacelle. Graves contusions à la descente. 29 juin. J. Godard, à Bordeaux. L'aéronaute, accroché au départ par un peuplier, ne peut remonter sur son trapèze. Contusions à la descente.	20 janvier. Castanet, à Oporto. Descente en mer. 10 février. Blondeau, à Naples. Descente en mer. 21 février. Lhoste, à Hyères. Incendie du ballon à la descente. 19 mai. Brissonnet fils, à Bar-sur-Aube. Descente dans la rivière la Noue. 30 juillet. Mme Albertine, à Blaye. Incendie de la montgolfière.
1885	131	221	10 mai. Vuaquelin. Déchirure du ballon. Aterrissage sur un toit à Paris. 29 mars. Mangin, à Paris. Tombe sur un toit de la rue Eugène-Süe, à Montmartre. Descente par la cheminée.	Glorieux, à Lille, 15 juin. Est recueilli par un steamer à 60 milles au large. Castanet, à Marseille ; Mangin, à Saint-Brieuc, tombent en mer et sont recueillis par des bateaux.

CHAPITRE III

L'AÉROSTATION SCIENTIFIQUE

Nous avons dit, quelques pages plus haut, que les premières ascensions accomplies dans un but purement scientifique avaient été opérées à Hambourg puis à Saint-Pétersbourg, par le Français Robertson.

Ce fut le 18 juillet 1809 qu'eut lieu la première ascension, par un temps calme.

« Le ballon s'éleva rapidement et atteignit en peu de minutes 2000 mètres d'élévation, dit Robertson. Le thermomètre indiquait 3° au-dessus de zéro. Sentant arriver graduellement toutes les incommodités d'un air raréfié, nous commençâmes à disposer quelques expériences sur l'électricité atmosphérique... L'électricité des nuages que j'ai obtenue trois fois a toujours été vitrée.

« Nous fûmes souvent détournés dans ces différents essais par la surveillance qu'il fallait accorder à l'aérostat, dont le taffetas se distendait avec violence, quoique l'appendice fût ouvert ; le gaz en sortait en sifflant et devenait visible en passant dans une atmosphère plus froide ; nous fûmes même obligés, crainte d'explosion, de donner deux issues au gaz hydrogène en ouvrant la soupape. Comme il restait encore beaucoup de lest, je proposai à mon compagnon de monter encore ; aussi zélé et plus robuste que moi, il m'en témoigna le plus grand désir, quoique fort incommodé. Nous jetâmes du lest pendant quelque temps ; bientôt le baromètre indiqua un mouvement progressif ; enfin le froid augmenta, et nous ne tardâmes pas à le voir descendre avec une extrême lenteur. Pendant les différents essais dont nous nous occupions, nous éprouvions une anxiété, un malaise général ; le bourdonnement d'oreilles dont nous souffrions depuis longtemps augmentait d'autant plus que le baromètre dépassait les 13 pouces. La douleur que nous éprouvions avait quelque chose de semblable à celle que l'on ressent lorsque l'on plonge la tête dans l'eau. Nos poitrines paraissaient dilatées et manquaient de ressort ; mon pouls était précipité. Celui de M. Lhoest l'était moins ; il avait, ainsi que moi, les lèvres grosses, les yeux saignants ; toutes les veines étaient arrondies et se dessinaient en relief sur mes mains. Le sang se portait tellement à la tête, qu'il me fit remarquer que son chapeau lui paraissait trop étroit. Le froid augmenta d'une manière sensible; le thermomètre descendit assez brusquement jusqu'à 2° et vint se fixer à 5° 1/2 au-dessous de la glace, tandis que le baromètre était à 12 pouces 4/100. A peine me trouvais-je dans cette atmosphère, que le malaise augmenta; j'étais dans une apathie morale et physique; nous pouvions à peine nous défendre d'un assoupissement que nous redoutions comme la mort. Me méfiant de mes forces, et craignant que mon compagnon de voyage ne succombât au sommeil, j'avais attaché une corde à ma cuisse, ainsi qu'à la sienne; l'extrémité de cette corde passait dans nos mains. C'est dans cet état, peu propre à des expériences délicates, qu'il fallut commencer les observations que je me proposais [1]. »

Après cinq heures et demie de voyage et 25 lieues de parcours, Robertson et Lhoest prirent terre dans le Hanovre.

Les résultats scientifiques du voyage ayant mis le

[1] *Mémoires récréatifs, scientifiques et anecdotiques* du physicien aéronaute E.-G. Robertson, p. 66 et suivantes. Paris, 1880. Robertson décrit ensuite diverses expériences qui, discutées vivement et même niées par les académies et les sociétés savantes, conduisirent Gay-Lussac à entreprendre avec Biot un voyage aérien pour vérifier ces assertions.

monde savant de toute l'Europe contre lui, Robertson recommença son voyage le mois suivant à Saint-Pétersbourg, en compagnie de physicien russe Zuccharoff dont le rapport confirma les vues de l'aéronaute français. Il se forma deux camps, l'un tenant quand même aux anciennes doctrines, l'autre adoptant les vues de Robertson et croyant y voir l'expression de la vérité. Dans le but de trancher définitivement la question, Laplace proposa de déléguer deux jeunes savants français : Biot et Gay-Lussac, pour recommencer, dans les hautes zones de l'atmosphère, les expériences du physicien russe.

« Nous partîmes, dit Gay-Lussac dans son rapport, du jardin du Conservatoire, le 6 fructidor, à 10 heures du matin, en présence d'un petit nombre d'amis. Après le premier moment donné à l'admiration du magique panorama s'étendant sous nos pieds, nous nous mîmes au travail à partir de 2000 mètres de hauteur. A cette élévation, nous observâmes les animaux que nous avions emportés ; ils ne paraissaient pas souffrir de la raréfaction de l'air. Une abeille violette à qui nous avions rendu la liberté s'envola très vite et nous quitta en bourdonnant. Le thermomètre marquait 13° C. Notre pouls était fort accéléré et nous ôtâmes nos gants que nous avions mis d'abord et qui ne nous ont été d'aucune utilité.

« Profitant des arrêts dans le mouvement de rotation du ballon sur son axe et en prenant diverses précautions, nous sommes parvenus à répéter dix fois, pendant le cours du voyage, nos expériences sur les oscillations de l'aiguille aimantée. En voici le résultat, dans l'ordre où nous les avons observées :

Hauteurs calculées.	Nombre des oscillations.	Temps.
2897 mètres.	5	35ˢ
3038 —	5	35ˢ
Id. —	5	35ˢ
Id. —	5	55ˢ
2862 —	10	70ˢ
3145 —	5	35ˢ
3665 —	5	35ˢ,5
3589 —	10	68ˢ
3742 —	5	35ˢ
3977 — (2040 toises).	10	70ˢ

« Toutes ces observations, faites dans une colonne de plus de 1000 mètres de hauteur, s'accordent à donner 35 secondes pour la durée de cinq oscillations. Or les expériences faites à terre donnent 35ˢ 1/4 pour cette durée. La petite différence d'un quart de seconde n'est pas appréciable, et dans tous les cas elle ne tend pas à indiquer une diminution.

« On en peut dire autant de l'expérience qui a donné une fois 68 secondes pour dix oscillations, ce qui fait 6,8 pour chacune; elle n'indique pas non plus un affaiblissement.

« Il nous semble donc que ces résultats établissent avec quelque certitude la proposition suivante :

« *La propriété magnétique n'éprouve aucune diminution appréciable depuis la terre jusqu'à 4000 mètres de hauteur : son action dans ces limites se manifeste constamment par les mêmes effets et suivant les mêmes lois.*

« Il nous reste maintenant à expliquer la différence de ces résultats avec ceux des autres physiciens dont nous avons parlé. Et d'abord, quant aux expériences de Saussure, il nous semble, si nous osons le dire, qu'il s'y est glissé quelque erreur. On le voit clairement par les nombres mêmes qu'il a rapportés[1]. Lorsqu'il voulut déterminer la force magnétique de son aiguille, à Genève, il trouva, pour le temps de vingt oscillations, 302, 290, 300, 280 secondes, résultats très peu comparables, puisque leur différence va jusqu'à 12 secondes. Au contraire, dans les expériences préliminaires que nous avons faites à terrre avant de partir, nous n'avons jamais trouvé une demi-seconde de différence sur le temps de vingt oscillations. De plus, il existe encore une autre

----

[1] Biot et Gay-Lussac, *Mémoire sur l'ascension du 6 fructidor.*

erreur dans le calcul fait par Saussure pour comparer les forces magnétiques sur la montagne et dans la plaine; et, d'après tout cela, il n'est pas étonnant que ses résultats diffèrent de ceux que nous avons obtenus. Mais il nous semble que les nôtres sont préférables, parce qu'ils paraissent s'accorder davantage, et parce que nous nous sommes élevés beaucoup plus haut.

« Quant à cette autre observation faite par quelques physiciens, relativement aux irrégularités de la boussole quand on s'élève dans l'atmosphère, il nous semble qu'on peut facilement l'expliquer par ce que nous avons dit précédemment sur la rotation continuelle de l'aérostat. En effet, ces observateurs ont dû tourner comme nous, puisque la seule impulsion du gaz qui s'échappe en ouvrant la soupape suffit pour produire cet effet. S'ils n'ont pas fait cette remarque, l'aiguille, qui ne tournait pas avec eux, leur a paru incertaine et sans aucune direction déterminée; mais ce n'est qu'une illusion produite par leur propre mouvement. »

Les deux expérimentateurs n'ayant pu atteindre que 4000 mètres de hauteur dans leur ascension, un second voyage plus décisif fut projeté, et il fut convenu que, le ballon étant trop chargé avec deux personnes, Gay-Lussac partirait seul.

Le courageux savant s'éleva donc seul le 16 septembre 1804, et il put atteindre cette fois 7000 mètres d'altitude, hauteur à laquelle il prit de l'air qui, analysé à son retour à terre, fut reconnu être de même composition que l'air pris à la surface du sol. Le rapport de Gay-Lussac, véritable merveille d'exposition et de clarté, se termine d'ailleurs de la façon suivante :

« J'ai donc constaté de nouveau le fait que nous avions observé, M. Biot et moi, sur la permanence sensible de l'intensité de la force magnétique lorsqu'on s'éloigne de la surface du globe, et de plus, je crois avoir prouvé que les proportions d'oxygène et d'azote qui constituent l'atmosphère ne varient pas non plus sensiblement dans des limites bien étendues. Il reste encore beaucoup de choses à éclaircir dans l'atmosphère, et nous désirons que les faits que nous avons recueillis jusqu'ici puissent assez intéresser l'Institut pour l'engager à nous faire continuer nos expériences. »

Malheureusement le vœu de Gay-Lussac ne fut par exaucé, et il ne fut pas donné suite aux ascensions scientifiques : ce n'est que cinquante ans plus tard que MM. Barral et Bixio firent de nouveaux voyages dans l'intérêt de l'avancement de la science.

Le but du voyage de ces deux nouveaux physiciens était celui-ci : « Déterminer la loi du décroissement de température avec la hauteur ; la loi du décroissement de l'humidité; de décider si la composition chimique de l'atmosphère est la même partout; de doser l'acide carbonique de l'air à diverses altitudes; de comparer les effets calorifiques des rayons solaires dans les plus hautes régions de l'atmosphère, avec ces mêmes effets observés à la surface de la terre; de constater s'il arrive en un point donné la même quantité de rayons calorifiques de tous les points de l'espace; de vérifier si la lumière réfléchie et transmise par les nuages est ou n'est pas polarisée, etc. »

Comme on voit, le problème était vaste, et il y avait à travailler. Le 29 juin 1850, les deux savants s'élevèrent du jardin de l'Observatoire, dans un ballon vieux et usé appartenant à l'aéronaute Dupuis-Delcourt. Ils atteignirent rapidement 6500 mètres de haut en se livrant avec ardeur à leurs études, quand un incident bizarre survint. Le ballon se dilata tellement qu'il envahit la nacelle. Craignant une explosion, M. Barral ne trouva rien de mieux que de donner un coup de couteau dans l'enveloppe qui se déchira, donnant issue au gaz qui manqua d'asphyxier les voyageurs. Une chute terrible suivit le coup de couteau, mais comme il est un Dieu pour les savants et les aéronautes, MM. Barral et Bixio ne se firent aucun mal, malgré leur chute dans les vignes de Lagny.

Un mois plus tard, les deux courageux aéronautes repartaient dans le même ballon, raccommodé tant bien que mal, parfaitement équipés[1] et munis d'instru-

[1] Les voyageurs emportaient avec eux « deux baromètres à siphon, gradués sur verre ; trois thermomètres, dont les réservoirs présentaient des états de surface différents. L'un rayonnait par sa surface naturelle de verre ; le second était recouvert de noir de fumée, et le troisième était protégé par une enveloppe d'argent poli ; tous trois étaient destinés à être impressionnés directement par le rayonnement solaire. Un quatrième thermomètre, entouré de plusieurs enveloppes concentriques et espacées, était destiné à donner la température à l'ombre. Il y avait enfin deux autres thermomètres, dont la boule était entourée d'un linge mouillé. Les aéronautes emportaient des ballons vides, des tubes pleins de potasse caustique et de fragments de pierre ponce imbibée d'acide sulfurique, destinés à s'emparer de l'acide carbonique de l'air injecté par des corps de pompe d'une capacité connue, et qui devaient servir à déterminer la richesse en acide carbonique de l'air pris à de grandes hauteurs. Le thermomètre *à minima* de M. Walferdin, qui fonctionne tout seul, et un baromètre imaginé par M. Regnault, qui agit d'après le même principe, étaient enfermés dans des boîtes métalliques à jour, et protégés par un cachet qu'on ne devait briser qu'au retour. La plupart de ces instruments portaient des échelles arbitraires, afin de laisser les observateurs à l'abri de toute préoccupation de leur part, qui aurait pu réagir involontairement sur les résultats. Pour étudier la nature de la lumière des espaces célestes, on emporta le petit *polariscope* d'Arago.

« Les instruments divisés que nous avons emportés, disent MM. Barral et Bixio, dans leur *Journal de voyage*, ont été construits par M. Fastré, sous la direction de M. Regnault. Les tables de graduation ont été dressées dans le laboratoire du Collège de France ; elles n'étaient connues que de M. Regnault.

« Le ballon est celui de M. Dupuis-Delcourt, qui a servi à notre première ascension ; il est formé de deux demi-sphères ayant pour rayon $4^m,08$, séparées par un cylindre ayant pour hauteur $3^m,08$ et pour base un grand cercle de la sphère. Son volume total est de 729 mètres cubes. Un orifice inférieur, destiné à donner issue au gaz pendant sa dilatation, se termine par un appendice cylindrique en soie, de 7 mètres de longueur, qui reste ouvert pour laisser sortir librement le gaz pendant la période

ments. Les résultats du voyage furent considérables, malheureusement plusieurs appareils importants furent cassés pendant le retour à Paris[1]. Au point de

ascendante. La nacelle se trouve suspendue à 4 mètres environ au-dessous de l'orifice de l'appendice, de manière que le ballon complètement gonflé est resté distant de la nacelle de 11 mètres et qu'il n'a pu gêner en rien les observations. Les instruments sont fixés autour d'un large anneau en tôle qui s'attache au cerceau ordinaire en bois portant les cordes de la nacelle. La forme de cet anneau est telle que les instruments sont placés à une distance convenable des observateurs.

« Notre projet était de partir vers 10 heures du matin; toutes les dispositions avaient été prises pour que le remplissage de l'aérostat commençât à 6 heures, MM. Véron et Fontaine étaient chargés de cette opération.

« Malheureusement, des circonstances indépendantes de notre volonté, et provenant de la nécessité de bien laver le gaz, pour qu'il n'attaquât pas je tissu de l'aérostat, ont occasionné des retards, et le ballon ne fut prêt qu'à une heure. Le ciel, qui avait été très pur jusqu'à midi, se couvrit de nuages, et bientôt une pluie torentielle s'abattit sur Paris. La pluie ne cessa qu'à 3 heures; la journée était trop avancée, et les circonstances atmosphériques trop défavorables, pour que nous pussions avoir l'espoir de remplir le programme que nous nous étions proposé. Mais l'aérostat était prêt, de grandes dépenses avaient été faites, et des observations dans cette atmosphère troublée pouvaient conduire à des résultats utiles. Nous nous décidâmes à partir. Le départ eut lieu à 4 heures; il présenta quelque difficulté à cause de l'espace très rétréci que le jardin de l'Observatoire laissait à la manœuvre. Le ballon était très éloigné de la nacelle, comme on vient de le voir, et, emporté par le vent, il prit le devant sur le frèle esquif dans lequel nous étions montés; ce ne fut que par une série d'oscillations, à une assez grande distance de chaque côté de la verticale, que nous finîmes par être tranquillement suspendus à l'aérostat. Nous allâmes frapper contre des arbres et contre un mât; il en résulta qu'un des baromètres fut cassé et laissé à terre. Le même accident arriva au thermomètre à surface noircie.

[1] Nous avons eu le bonheur de ne casser aucun instrument à la descente. Nous ne trouvons au village qu'une charrette pour nous transporter à la station la plus voisine du chemin de fer de Strasbourg, éloignée de

vue de la thermométrie, les observations avaient été
des plus intéressantes[1].

10 kilomètres. Le trajet fut pénible dans les chemins de traverse, par un
ouragan violent et des pluies continuelles ; le cheval s'abattit. Deux des
appareils que nous tenions le plus à rapporter intacts à Paris furent
brisés ou mis hors de service : le ballon à l'air et l'instrument indicateur du minimum de pression barométrique. Heureusement le thermomètre
a minima de M. Walferdin fut rapporté intact, avec son cachet, au Collège de France.

« Le cachet a été enlevé par MM. Regnault et Walferdin, et le minimum de température, déterminé par des expériences directes a été trouvé
de — 39°,67, par conséquent très peu différent de la plus basse température que nous avons observée nous-mêmes sur le thermomètre du baromètre. »

[1] « Venons maintenant, dit Arago, au résultat le plus extraordinaire, au
résultat tout à fait inattendu qu'ont fourni les observations thermomé-
triques. Gay-Lussac, dans son ascension par un temps serein ou plutôt
légèrement vaporeux, avait trouvé une température de 9°,5 au-dessous
de zéro, à la hauteur de 7016 mètres. C'est le minimum qu'il ait observé.
Cette température de 9°,5, au-dessous de zéro, MM. Barral et Bixio
l'ont trouvée dans le nuage, à la hauteur d'environ 6000 mètres ; mais
à partir de ce point-là, et dans une étendue d'environ 600 mètres, la
température varia d'une manière tout à fait extraordinaire et hors de
toute prévision. Ils ont vu à la hauteur de 7040 mètres, à quelque distance de la limite supérieure du nuage, le thermomètre centigrade descendu à 39° au-dessous du zéro. C'est 30° au-dessous de ce qu'avait
trouvé Gay-Lussac, à la même hauteur, mais dans une atmosphère
sereine.

« Cette hauteur de 7049 mètres a été déduite des calculs de M. Ma-
thieu, en tenant compte de la diminution de la pesanteur à ces grandes
hauteurs, de l'influence de l'heure de la journée sur la mesure barométrique des hauteurs, c'est-à-dire à 33 mètres au-dessus de celle où Gay-
Lussac s'est élevé. Il est juste de dire que les formules à l'aide desquelles
on calcule les hauteurs reposent sur l'hypothèse d'un décroissement de
température à peu près uniforme, et que, dans ce cas-ci, un changement
de hauteur, que l'on peut évaluer à 600 mètres, a donné lieu à une
variation d'environ 30°, tandis que, dans l'air serein, la variation n'aurait
été que de 4 à 5°.

Quoique, de sa vie, Arago ne mît le pied dans une nacelle, il ne s'occupa pas moins passionnément de l'application des aérostats aux recherches scientifiques. Il recommande, dans ses ouvrages, aux voyageurs aériens de porter leur attention surtout sur les phénomènes de l'hygrométrie, la loi du décroissement de la température, l'influence du rayonnement solaire, l'examen de la polarisation de la lumière, la détermination de la quantité d'acide carbonique contenue dans les hautes régions de l'atmosphère, l'état électrique des diverses couches d'air, la transmission et la réflexion du son, et enfin les observations physiologiques sur les effets produits par la raréfaction de l'air à très basse température et d'une extrême sécheresse.

Arago recommande l'emploi de trois thermomètres, l'un à surface vitreuse, l'autre à surface noircie, le troisième à surface argentée, fixés sur une plaque argentée attachée à la nacelle et exposée aux rayons solaires.

Des tubes à potasse caustique et à ponce imbibée d'acide sulfurique pour le dosage de l'acide carbonique, l'aspiration de l'air étant produite par une pompe exactement calibrée, de capacité connue.

Des appareils témoins pour déterminer le minimum de température et de pression obtenues.

« Un instrument muet, dit-il, donne aux observations contrôlées une valeur considérable.

« Quand elles sont vérifiées, il en résulte une réponse victorieuse aux objections qui s'élèvent toujours par suite d'une tendance naturelle à l'esprit humain contre les résultats qui ne peuvent être immédiatement vérifiés par de nouvelles expériences, faites dans les mêmes conditions. »

Des boussoles de déclinaison, d'inclinaison et d'intensité, suspendues de manière à ne pas obéir aux mouvements de rotation qui animent les aérostats.

Les recommandations relatives à la construction d'objets matériels sont accompagnées de remarques non moins précieuses sur la manière dont doivent être dirigées les campagnes aérostatiques.

« Il est impossible de rédiger un programme qui embrasse tous les points dignes d'examen.

« Il faut admettre que l'imprévu jouera le principal rôle dans les observations aéronautiques; car on ne sait presque rien aujourd'hui sur la constitution des nuages, sur les phénomènes de refroidissement que doit produire leur évaporation, sur le mélange des couches d'air diversement saturées d'humidité et provenant d'origines très différentes, sur l'action de l'électricité qui traverse de grandes étendues aériennes, etc.

« Il n'est guère probable que, dans une ascension, des observateurs puissent embrasser à la fois tant de sujets d'étude, se servir avec suite et à propos, de tant d'instruments.

« L'aéronaute devra chaque fois se borner à un petit nombre de points importants; ce n'est que dans une série de voyages aérostatiques que l'on pourra arriver à recueillir un ensemble de documents, répondant au grand nombre de questions que soulève la constitution de l'atmosphère terrestre. »

En juillet 1852, le comité de direction de l'observatoire de Kew, près de Londres, délégua un de ses membres, M. Welsh, pour faire une série d'ascensions aéronautiques dans le but d'étudier les phénomènes météorologiques et physiques qui se produisent dans les hautes régions de l'atmosphère. Quatre voyages furent exécutés avec le ballon sous la conduite de l'aéronaute Green, et le point de départ fut le jardin de Vauxhall, à Londres.

Dans la première ascension (17 août), les voyageurs atteignirent 4000 mètres de haut, et ils remarquèrent la chute d'une neige épaisse sur le ballon. Lors du second voyage, qui eut lieu huit jours plus tard, ils parvinrent à 6100 mètres, mais ne remarquèrent qu'un abaissement notable de température. Ce fut dans sa quatrième ascension que Welsh atteignit sa plus grande hauteur : 6989 mètres, altitude à laquelle régnait une température de — 23°. En somme ces quatre voyages furent moins féconds en résultats de tout genre que les quelques ascensions exécutées sur le continent par les savants français.

Il est vrai que ces études n'allaient pas tarder à être reprises et terminées, grâce à l'énergie et au courage d'autres savants anglais. L'Association britannique pour l'avancement des sciences ayant voté des fonds en 1861 pour l'accomplissement d'une série d'ascensions scientifiques, M. Glaisher, chef du Bureau météorologique de Greenwich, accepta de les exécuter. Accompagné de l'aéronaute Coxwell, il se mit immédiatement à l'œuvre, et ses nombreux voyages (trente) ont révélé beaucoup de faits importants pour la science. Elles embrassent l'étude des phénomènes fondamentaux de la météorologie. Les résultats obtenus par M. Glaisher sont surtout concluants en ce qui concerne la loi de décroissance de température de l'air selon la hauteur, l'état du ciel et les époques. Les résultats relatifs à la loi de décroissance de l'humidité atmosphérique ne sont pas moins remarquables, quoique moins décisifs [1].

[1] La marche des températures, dans les ascensions de M. Glaisher, s'est montrée fort irrégulière : le mercure s'est maintenu au même niveau pendant un certain temps, lorsqu'on traversait un courant d'air

Parmi les trente ascensions de M. Glaisher, les plus remarquables sont celles du 31 mars et du 18 avril 1863 [1], et surtout celle du 15 janvier 1862, pendant lesquelles le savant météorologiste dépassa les altitudes auxquelles Gay-Lussac seul était parvenu. Le 5 septembre 1862, notamment, il dépassa 9000 mètres au-dessus du niveau de la mer. « Tout à coup, dit

chaud, et est même quelquefois monté de plusieurs degrés pendant que le ballon s'élevait. Ainsi, le 17 juillet 1862, la température resta à —3° jusqu'à 4 kilomètres de hauteur ; elle se maintint à + 5 ,6 vers 6 kilomètres et tomba rapidement à — 9° à 8 kilomètres. Des irrégularités analogues ont été observées les 18 août, 5 septembre, etc.

« On a pu néanmoins former un tableau donnant la moyenne de la température pendant l'élévation. Il en résulte que la quantité dont il faut s'élever pour avoir un abaissement d'un degré s'augmente constamment avec la hauteur. Si à la surface du sol elle n'est que de 50 à 100 mètres, à 8 kilomètres elle est de 530 ; le décroissement est donc devenu dix fois moins rapide qu'à la surface de la terre. Quand le ciel est couvert, le décroissement dans le premier kilomètre est moindre que lorsque le temps est serein ; ce qui se comprend facilement, les nuages empêchant le rayonnement de la chaleur terrestre.

« A 6 ou 7 kilomètres, l'humidité n'est plus que les 12 ou 16 centièmes de ce qu'elle est quand l'air est saturé de vapeur d'eau.

[1] M. Glaisher a fait, sur la propagation des sons, plusieurs expériences intéressantes. On entendait à 3 kilomètres l'aboiement d'un chien, le sifflement d'une locomotive ; on entendit même, par une atmosphère extrêmement humide, à *six kilomètres et demi* de hauteur. C'est la plus grande élévation à laquelle l'oreille ait pu percevoir des bruits partis de la surface terrestre. Dans la même ascension, exécutée à la fin du mois de juin 1863, M. Glaisher entendit le vent mugir sous lui, lorsqu'il se trouvait à 3 kilomètres d'élévation. Le 31 mars, le sourd murmure de Londres s'entendait encore à 2 kilomètres de hauteur ; un autre jour, au contraire, les cris de plusieurs milliers de personnes n'étaient plus perceptibles au-dessus de 1500 mètres.

M. Glaisher, je me sentis incapable de faire aucun mouvement. Je voyais vaguement M. Coxwell dans le cercle, et j'essayais de lui parler, mais sans parvenir à remuer ma langue impuissante. En un instant, des ténèbres épaisses m'envahirent; le nerf optique avait subitement perdu sa puissance. J'avais encore toute ma connaissance, et mon cerveau était aussi actif qu'en écrivant ces lignes. Je pensais que j'étais asphyxié, que je ne ferais plus d'expériences et que la mort allait me saisir... D'autres pensées se précipitaient dans mon esprit, quand je perdis subitement toute connaissance, comme lorsque l'on s'endort... Ma dernière observation eut lieu à 1 h. 54, à 9000 mètres d'altitude. Je suppose qu'une ou deux minutes s'écoulèrent avant que mes yeux cessassent de voir les petites divisions des thermomètres, et qu'un même laps de temps se passa avant mon évanouissement; tout porte à croire que je m'endormis à 1 h. 57 d'un sommeil qui pouvait être éternel. »

M. Coxwell avait conservé jusque-là toutes ses facultés : il veut se hisser jusqu'au cercle pour tirer la corde de la soupape, mais il s'aperçoit que ses forces l'abandonnent, que ses mains deviennent noires comme celles d'un cholérique et qu'il ne peut plus remuer les bras. Seuls heureusement ils sont atteints. Avec les dents, il saisit la corde de la soupape, et, la

tirant avec vitesse, sauve la vie de son savant compagnon et la sienne.

A 8000 mètres, le thermomètre était descendu à
21° au-dessous de zéro.

Suivant l'ordre chronologique des études, nous
voyons en France, vers 1867, deux savants essayer,
chacun de leur côté, de donner une solution aux problèmes météorologiques incomplètement étudiés par
l'aéronaute anglais. Ces savants, MM. Flammarion et
Tissandier, exécutèrent une série de voyages scientifiques en ballon, le premier avec l'aéronaute Godard,
le second avec un nommé Mangin ; mais, il faut bien
l'avouer, les résultats ne sont que trop sujets à la
discussion et bien insuffisants. Nous sommes loin
des travaux de Welsh et Glaisher, et sans prétendre
que les ascensions de MM. Flammarion, Tissandier
et consorts n'aient aucune valeur, il faut les replacer
à leur véritable situation. Les ascensions de foire ou
d'hippodrome ne peuvent pas être exécutées dans
des conditions suffisantes pour permettre des recherches scientifiques sérieuses.

Parmi les ascensions scientifiques exécutées depuis
l'année 1870, il faut citer avant tout les ascensions
de *l'Étoile polaire* et du *Zénith*.

L'Étoile polaire partit le 22 mars 1874 de l'usine
à gaz de la Villette, à Paris, montée par MM. Sivel et

Crocé-Spinelli, qui désiraient vérifier les théories de M. Paul Bert sur le mal des montagnes. Les voyageurs avaient avec eux des ballons renfermant 120 litres de mélange contenant 50 pour 100 d'oxygène pur et 80 litres à 75 pour 100. Les résultats furent ce que la théorie permettait de prévoir [1], et ce fut ce qui

[1] Nous ressentîmes dans notre voyage, disent MM. Sivel et Crocé-Spinelli, des impressions analogues à celles que nous avions éprouvées dans les cloches de dépression où nous étions entrés quelques jours avant l'ascension, pour descendre jusqu'à la pression de 304 millimètres. Cependant, dans la nacelle où nous arrivâmes à 300 millimètres, le malaise était bien plus vif que dans la cloche, ce qui doit être attribué au travail plus considérable effectué, au grand abaissement de la température et à la durée du séjour dans les couches élevées. Tandis que dans la nacelle nous avons subi un froid de 22 à 24° nous n'avions qu'une température constante de + 13° pendant la dépression à terre ; de plus, le séjour dans la cloche ne fut que d'une heure, ce qui est presque la durée des ascensions à grande hauteur au-dessus de 7000 mètres, tandis que nous restâmes deux heures quarante minutes en l'air et une heure quarante-trois minutes au-dessus de 5000 mètres... Nous commençâmes a respirer le mélange à 40 pour 100 à partir de 4600 mètres et jusqu'à 6000 mètres ; nous eûmes recours a celui à 70 pour 100 dans les grandes hauteurs, parce que le moins riche était insuffisant, surtout pour M. Crocé-Spinelli... Lorsque celui-ci ne respirait pas d'oxygène, il était obligé de s'asseoir sur un sac de lest et de faire ses observations immobile dans cette position. Pendant l'absorption du gaz comburant, il se sentait renaître, et, après une dizaine d'inspirations il pouvait se lever, causer gaiement, regarder le sol avec attention et faire les observations délicates. L'esprit était précis et la mémoire excellente. Pour observer a l'aide du spectroscope, il lui fallait inspirer ce gaz justement appelé *vital* ; les raies, d'abord confuses, devenaient alors très nettes. L'oxygène produisit encore chez M. Crocé-Spinelli un effet dont l'explication est facile, après ce qui vient d'être dit. Pour réagir contre les effets combinés du froid et de la raréfaction, il essaya de manger. Le résultat ne fut pas d'abord favorable ; mais ayant eu l'idée de respirer en même

décida plus tard l'entreprise d'autres ascensions à très grande hauteur.

Ce fut l'année suivante, le 23 mars, et le 15 avril 1875 que le *Zénith* exécuta ses deux célèbres voyages, dont l'un eut de si funèbres résultats. Le 23 mars, les aéronautes qui le montaient : Albert et Gaston Tissandier, Sivel, Crocé-Spinelli, Jobert, devaient accomplir un voyage de durée et, en effet, ils se maintinrent vingt-deux heures quarante minutes en l'air et atterrirent le lendemain dans le département des Landes après avoir observé un magnifique halo lunaire et traversé la Gironde.

Un mois plus tard, le même ballon repartait de Paris avec les mêmes aéronautes, moins MM. Albert Tissandier et Jobert, et pour accomplir une ascension de hauteur. Quelques heures après son départ il retombait vers la terre dans le département de l'Indre, ramenant deux morts et un mourant, dont le cerveau ébranlé ne devait jamais se remettre complètement.

On se rappelle l'odyssée de ce funèbre voyage. Parvenus à une hauteur de 8600 mètres, les aéro-

temps de l'oxygène, il sentit l'appétit revenir et la digestion s'opérer facilement. Quant au pouls, il marquait chez lui, entre les hauteurs de 6500 et 7400 mètres, 140 pulsations avant l'inspiration et 120 immédiatement après. Son pouls à terre est de 80 en moyenne. » (*Comptes rendus de l'Académie des sciences*, séance du 6 avril 1874.)

nautes se trouvèrent brusquement soumis à l'effet de la raréfaction de l'air et ne purent se servir des ballonnets d'oxygène qu'ils avaient emportés. Quant le *Zénith* redescendit dans les régions inférieures, — après combien de temps! — Sivel et Crocé avaient été asphyxiés. Le choc sur le sol fut si rude que tous les instruments furent brisés. Ce voyage n'eut donc pour plus clair résultat que la mort de deux jeunes et courageux savants qui eussent pu faire de grandes choses.

Depuis cette catastrophe, si les ascensions sont devenues de plus en plus nombreuses, les voyages entrepris dans l'intérêt seul de la science sont devenus d'une extrême rareté, ce qui fait que la météorologie est restée à peu près stationnaire depuis les belles recherches et les courageuses expériences de M. Glaisher. Citons cependant, parmi les voyages aériens exécutés depuis douze ans, les suivants qui ont donné quelques résultats :

8 décembre 1873. Ballon *l'Univers* monté par MM. Godard, Tissandier, Renard, Laussédat, colonel Mangin, Térès et Rastoul.

Année 1878. Ascension de l'*Académie d'aérostation météorologique*. Ballons montés par MM. Perron, W. de Fonvielle, Dallet, etc.

Année 1881. . . . *La Comète de 1881*. Ascension par M. W. de
Fonvielle. Ascension par M. Mallet pour
voir la comète près du soleil.

Année 1883 . . . Recherches sur les poussières aériennes par
de Graffigny. Ascensions dans ce but à Caen,
Coutances, Fougères et Paris.

Année 1885. . . . Voyage du ballon *le National* monté par Lair
et Hervé. Voyage du *Gabizos* (dix-huit
heures en l'air).

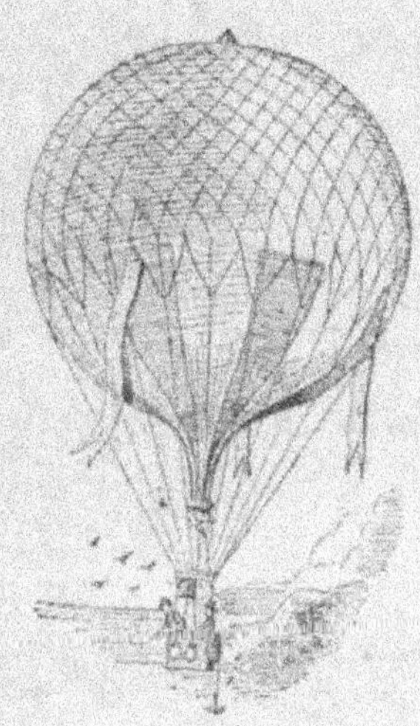

Fig. 3. — En l'air.

CHAPITRE IV

Pendant la Révolution, alors que la France avait à
repousser l'effort de l'Europe coalisée contre elle,
pendant que « Carnot organisait la victoire » et que
le besoin commandait aux découvertes de la science,
un membre du Comité du salut public, Guyton de
Morveau, songea à utiliser les ballons qui venaient de
naître et à les appliquer à l'art militaire. Il proposa à
ses collègues de faire construire un aérostat et de
l'envoyer aux armées pour servir à étudier les mouvements de l'ennemi.

La commission scientifique du Comité accepta cette
proposition, à condition qu'on trouvât le moyen de
produire le gaz nécessaire au gonflement, sans acide
sulfurique (on n'en possédait presque pas en France).
Or, Lavoisier ayant trouvé le moyen de produire

l'hydrogène par la décomposition de la vapeur d'eau au contact du fer rougi à blanc, il fut résolu que l'on emploierait ce procédé pour le remplissage des aérostats à la guerre, et que des compagnies d'aérostiers militaires seraient organisées.

Le château de Meudon fut mis à la disposition d'un des amis de Guyton de Morveau, qui, attaché à la Convention par d'autres travaux, ne pouvait pousser plus loin l'affaire. Cet ami, nommé Coutelle, s'occupa immédiatement de l'expérience, puis, étant parvenu à gonfler un ballon, du cube de 170 mètres, d'hydrogène pur, et assuré de la réussite, il alla en proposer l'emploi au général en chef de l'armée de Sambre-et-Meuse, Jourdan, qui accepta.

Une compagnie d'aérostiers militaires, dont Coutelle était le capitaine, partit donc, peu après sa création, pour aller à Maubeuge assiégé par les Autrichiens. Cette compagnie se composait d'un capitaine, d'un lieutenant et de trente hommes, appartenant à des corps de métiers pouvant être utilisés en aérostation. Après avoir pénétré dans la ville par la seule route demeurée libre, avec leur matériel, les aérostiers se mirent immédiatement à la construction de l'appareil à gaz par la décomposition de l'eau. Après bien des peines et des fatigues, on parvint à gonfler d'hydrogène pur le ballon *l'Entreprenant* qui cubait plus de

400 mètres. Mais le reste de l'armée n'ayant qu'une triste idée du courage de ces nouveaux soldats dont l'occupation était « de faire bouillir sept tuyaux de fer pour gonfler un ballon », Coutelle dut donner à sa troupe le baptême de la poudre brûlée, et dans une sortie qui fut faite, les aérostiers payèrent par deux hommes blessés grièvement leur tribut à la guerre et à la pusillanimité de leurs camarades. Le soir, ils faisaient bien réellement partie de l'armée.

Le baron de Selle-Beauchamp raconte comme suit les premières ascensions de *l'Entreprenant :*

« Notre première ascension se fit au bruit du canon et aux hourras de la garnison de la place. Le rapport fait à la descente par l'officier du génie qui avait accompagné le capitaine, fut tellement clair et circonstancié, qu'il paraissait impossible désormais à l'ennemi de faire un mouvement qui ne fût pas aussitôt connu dans la place. On s'aperçut, par exemple, que le nombre de tentes apparentes dans le camp devait être bien supérieur à celui nécessaire pour l'effectif qui les habitait, car nos observateurs avaient pu en juger approximativement; nos lunettes permettaient de compter les carreaux de vitres à Mons, distant de 5 lieues de pays. L'effet moral produit dans le camp autrichien par ce spectacle si nouveau fut immense; il frappa surtout les chefs, qui ne tar-

Fig. 4. — Le ballon militaire *l'Entreprenant* dans les airs.

dèrent pas à s'apercevoir que leurs soldats croyaient
avoir affaire à des sorciers. Pour combattre cette opinion et relever leur courage, on résolut, dans leur
conseil, d'abattre, s'il était possible, une aussi fatale
machine; or, dès qu'il fut reconnu que chaque jour
l'aréostat s'élevait dans le même emplacement, derrière le même cavalier, ils firent placer deux pièces
de canon dans un chemin creux, et lorsque l'aérostat
s'éleva majestueusement le matin dans les airs, un
premier boulet, passant au-dessus de l'enveloppe,
alla tomber à toute volée dans le camp retranché,
puis aussitôt un autre boulet frisa le dessous de la
nacelle portant notre capitaine, qui accueillit la double
détonation au cri de *Vive la République !* Cette explosion ne nous mit pas, nous autres, en si belle humeur,
car nous calculions que, si l'effet des boulets manquait son but, l'ennemi pourrait bien s'aviser de procéder par la bombe ou l'obus, qui, tombant dans le
jardin où nous tenions les cordes, auraient bien pu
déranger le personnel et le matériel de l'ascension.
Cette idée ne leur vint pas, ou plutôt on ne leur en
donna pas le temps, car, dès le lendemain, on fit venir
de Lille un certain sergent d'artillerie qui, sur le seul
aspect du terrain, promit au général de démonter les
pièces qu'on pourrait amener au lieu d'où elles avaient
tiré; probablement cette promesse fut connue de

l'ennemi, qui ne se présenta pas, et nous laissa doré-
navant faire tranquillement nos observations. »

Cependant les armées de la République étaient vic-
torieuses et Maubeuge presque débloqué. Jourdan se
préparait à investir Charleroi qui devait lui livrer la
route de Bruxelles. Coutelle, dont le général en chef
reconnaissait les éminents services, reçut l'ordre de
se rendre sous les murs de Charleroi pour étudier les
moyens de défense que les assiégés avaient entre leurs
mains.

Maubeuge est distant de Charleroi de 12 lieues. La
nécessité de faire des reconnaissances aussitôt l'arrivée
de l'aérostat ne permettant pas de transporter le
matériel nécessaire au gonflement de *l'Entreprenant*;
l'obligation de passer devant les lignes ennemies sans
donner l'alarme : telles étaient les difficultés presque
insurmontables qui se dressaient devant les aérostiers.

Coutelle n'en tint aucun compte. Son parti fut vite
pris : *l'Entreprenant* ne serait pas dégonflé, et, le lendemain, la compagnie serait au milieu de l'armée
d'investissement.

Le plan de Coutelle était hardiment conçu; l'exécution devait être plus hardie encore.

Maubeuge était gardé d'un côté par les Autrichiens,
qui s'étaient solidement établis dans des tranchées ou
des bastions, à peu de distance des murs et du che-

min que devait suivre la compagnie des aérostiers ;
il fallait donc sortir de la ville à la faveur de la nuit,
et dérober aux yeux des sentinelles un ballon de
9 mètres de diamètre, élevé au moins d'une dizaine
de mètres au-dessus du sol.

Dès 10 heures du soir, les derniers préparatifs
étaient achevés. Seize cordes avaient été attachées au
filet du ballon et remises entre les mains de seize
aérostiers qui purent ainsi faire franchir à *l'Entreprenant*
les maisons et les arbres qui se trouvaient sur leur
passage.

A 2 heures du matin on était arrivé au premier
rempart. La descente commença. On avait, dans la
journée, posé des échelles sur les versants des trois
enceintes.

Huit hommes descendirent d'abord, tandis que
leurs camarades retenaient le ballon et donnaient à
la corde la longueur nécessaire ; puis, quand les premiers eurent touché le fond du fossé, ils descendirent à leur tour pour maintenir l'aérostat pendant
l'ascension de l'autre versant. On franchit ainsi sans
éveiller l'attention de l'ennemi les trois enceintes. Le
jour n'était pas encore venu que *l'Entreprenant* domi-
nait toute la plaine qui s'étend à droite et à gauche
de la route de Namur.

Il fallut quinze heures pour parcourir la distance

qui sépare Maubeuge de Charleroi. C'était à la fin du mois de juin : la chaleur était accablante ; le soleil dardait sur la poussière de houille qui couvrait les chemins, brûlait les corps des aérostiers. augmentait la dilatation du gaz et les menaçait à chaque minute de l'explosion de *l'Entreprenant*. La poussière noire, fétide, horrible du charbon de terre, couvrait leurs corps à demi nus, s'introduisait dans leurs poumons et leurs yeux, les aveuglait et provoquait une soif horrible, inextinguible. Les paysans s'enfuyaient à la vue de ces hommes noirs, à l'air rébarbatif et féroce, bien plus qu'à la vue de leur aérostat. Les enfants et les femmes se jetaient à genoux, implorant leur clémence en fendant l'air de leurs cris ; heureusement quelques Flamands, moins superstitieux et plus éclairés, comprirent les souffrances horribles qu'enduraient les malheureux soldats et leur offrirent de l'eau, du vin et quelque nourriture.

Enfin les aérostiers arrivèrent en vue du camp français et leur supplice prit fin. Le soir même une reconnaissance fut faite par Coutelle et un officier supérieur. Le lendemain, le gouverneur de Charleroi signait la capitulation de la ville, mais les Autrichiens s'avançaient toujours, et le prince de Cobourg qui les commandait vint camper dans la plaine de Fleurus. C'est là qu'eut lieu la célèbre bataille où l'armée fran-

çaise battit si complètement les troupes, bien supérieures en nombre, du prince autrichien. Le rôle de
l'Entreprenant fut considérable dans cette journée.
Coutelle, sur l'ordre de Jourdan, se maintint huit
heures en observation, transmettant sans cesse au
général en chef les mouvements de l'ennemi, et sans
prétendre ridiculement que l'on devait à l'aérostat le
gain de la journée, il est certain que l'effet matériel
et moral de ce magnifique observatoire élevé au milieu
d'une plaine où rien ne gênait l'observation avait été
pour beaucoup dans le succès remporté par nos armes.

Pendant que *l'Entreprenant* continuait à suivre tout
gonflé les armées du Nord, le Comité de salut public
comprenant tous les services qu'avait rendus et que
pouvait rendre encore l'aérostation militaire, décré-
tait la création d'une deuxième compagnie d'aérostiers
et la fondation d'une *École nationale aérostatique* dont
le siège serait à Meudon.

Coutelle conserva le commandement d'une compagnie et Lhomond fut nommé capitaine de l'autre,
avec cinquante-cinq hommes d'effectif dans chacune.
Cette seconde compagnie partit pour la campagne de
l'Est et fut de la plus grande utilité devant Mayence
assiégée. De là elle se rendit à Molsheim où elle
hiverna, puis à Manheim, Stuttgard, et enfin Strasbourg, où la campagne se termina.

Elle reprit l'année suivante, et, à la suite de l'armée envahissante, les aérostiers pénétrèrent en Allemagne et allèrent jusqu'à Donawert sur les bords du Danube. De là, *l'Entreprenant* fut conduit à Augsbourg, puis, tandis que Moreau opérait sa fameuse retraite de la Forêt-Noire, il fut dégonflé et remené à Molsheim où était établi le parc aéronautique. Ce fut la fin de la deuxième compagnie des aérostiers : elle fut peu après licenciée par Hoche qui avait remplacé Jourdan dans le commandement de l'armée.

Quant à la première compagnie qui était enfermée dans Wurtzbourg, elle fut faite prisonnière et emmenée en captivité par l'ennemi, après la bataille qui lui livra cette ville. Le traité de Leoben lui ayant rendu la liberté, le capitaine Lhomond courut à Meudon prier Coutelle de reconstituer le corps des aérostiers militaires. La campagne d'Égypte avait été décidée par Bonaparte et Coutelle faisait partie de la Commission scientifique qui allait suivre l'armée. Les aérostiers militaires furent acceptés, mais la mauvaise chance ne les avait pas abandonnés. Le navire qui portait leur matériel fut pris et coulé par les Anglais, Alors les soldats furent répartis dans divers régiments et les oficiers changèrent de corps. Ce fut la fin de l'aérostation militaire, car l'année suivante, Bonaparte licencia définitivement les deux compagnies, ferma l'École de Meudon et fit vendre ce qui restait du matériel.

On ne peut enregistrer comme tentatives sérieuses le voyage de l'aéronaute Margat en 1830, pendant la prise de l'Algérie, car il ne put même pas gonfler son ballon, qu'il ramena sans l'avoir seulement déballé; ni les essais des Autrichiens qui lancèrent contre Venise assiégée des flotilles de ballonneaux porteurs de bombes explosives qui leur éclatèrent sur la tête; ni les tentatives des Godard en 1853 à la guerre d'Italie, où ils crevèrent leurs ballons sans réussir.

Il faut en arriver au siège de Paris en 1870 et franchir un espace de plus d'un demi-siècle pour retrouver les ballons employés dans une terrible période, l'une des plus critiques, sans contredit, de notre histoire.

Toutes les voies de communication ayant été coupées, les ponts abattus, les fils télégraphiques coupés, les routes occupées par l'ennemi, le cours de la Seine barré, Paris se trouvait, le 21 septembre 1870, absolument séparé du reste de la France et du monde. Les Allemands comptaient que deux millions d'hommes, privés de tout, sans communication possible avec l'extérieur, ne pouvaient supporter un long siège. Ils se trompaient, et la science était là pour suppléer encore une fois à ce qui nous manquait. La route de

l'air était ouverte, et M. Rampont, directeur des Postes
à Paris, songea aux ballons.

Après essai, exécuté par Duruof le 23 septembre
dans son ballon *le Neptune* qui alla descendre à Craconville dans l'Eure, la poste aérienne fut fondée;
la nacelle remplaça le wagon-poste et le pigeon voyageur le télégraphe. Voici la liste des ballons partis
pendant cette période néfaste, avec tous les renseignements que nous avons pu coordonner sur eux :

1. LE NEPTUNE. — *Cube* : 1200 mètres. — *Aéronaute* : Duruof. — *Poids
des dépêches* : 130 kilogrammes. — *Départ* : place Saint-Pierre, le 23 septembre. — *Descente* à Craconville (Eure).
2. CITTA DI FIRENZE. — 1200 mc. — Mangin ; Lutz. — Boulevard d'Italie,
25 sept., 11 h. m. — Triel (Seine-et-Oise), midi.
3. LES ÉTATS UNIS. — 700 mc. — L. Godard ; Courtois. — 80 kilog.
— Usine a gaz de la Vilette, 29 sept., 11 h. 30 m. — Mantes, 1 h. s.
4. LE CÉLESTE. — 750 mc. — G. Tissandier. — 80 kilog. — Usine Vaugirard, 30 sept., 6 h. m. — Dreux, midi.
5. L'ARMAND BARBÈS. — 2000 mc. — J. Trichet ; Gambetta, Spuller.
— Place Saint-Pierre, 7 oct., 11 h. m. — Montdidier, 3 h.
6. LE GEORGE SAND. — 1200 mc. — Revillod ; deux Américains, un
sous-préfet. — Place Saint-Pierre, 7 oct., 11 h. — Roye (Somme), 3 h.
7. WASHINGTON. — 2000 mc. — Bertaux ; van Roosebeke, colombophile ;
Lefebvre, consul. — 300 kilog. — Gare d'Orléans, 12 oct., 8 h. 30 s.
— Cambrai 11 h. 30 s.
8. LOUIS BLANC. — 2000 mc. — Farcot ; Traclet. — 120 kilog. —
Place Saint-Pierre, 12 oct., 9 h. — Béclair (Belgique), midi.
9. G. CAVAIGNAC. — 2000 mc. — Godard père ; 3 voyageurs. — 700 kilog. Gare d'Orléans, 14 oct., 10 h. — Brillon (Meuse), 3 h.
10. JEAN BART. — 2000 mc. — Tissandier ; Rang et Ferrand. — 400 kilog. — Usine Vaugirard, 14 oct. — Nogent-sur-Seine.
11. JULES FAVRE 1er. — 2000 mc. — Godard jeune ; Malapert, Ribau,
Béoté. — 200 kilog. — Gare d'Orléans, 16 oct., 7 h. 30 m. — Foix-
Chapelle (Belgique).

12. LA FAYETTE. — *Cube* 2000 mètres. — *Aéronaute* : Labadie, marin ; *passager* : Barthélemy et Daru. — *Poids des dépêches* : 270 kilogrammes. — *Départ* de la gare d'Orléans, le 16 octobre, à 9 h. 50 du matin. — *Descente* à Dinant (Belgique), à 3 heures.

13. VICTOR HUGO — 2000 mc. — Nadal. — 440 kilog. — Jardin des Tuileries, 18 oct., 11 h. 45, m. — Bar-le-Duc (Meuse)

14. RÉPUBLIQUE UNIVERSELLE. — 2000 mc. — Jossec, marin ; Dubost, G. Prunières. — 300 kilog. — Gare d'Orléans, 19 oct., 9 h. m. — Mézières (Ardennes), 11 h.

15. GARIBALDI — 2000 mc. — Iglésia, marin ; de Jouvencel, député. — 450 kilog. — Jardin des Tuileries, 22 oct., 11 h. — Quincy-Ségy (Hollande), 1 h.

16. MONTGOLFIER. — 2000 mc. — Hervé, marin ; Le Bouedec, colonel Lapierre. — 400 kilog. — Gare d'Orléans, 25 oct., 8 h. 30 m. — Holigemberg (Hollande), midi.

17. VAUBAN. — 2000 mc. — Guillaume, marin ; Reitlinger, phot. ; Cassiers, colombophile — 270 kilog. — Gare d'Orléans, 27 oct., 9 h. — Vignoles (Meuse), 1 h.

18. LA BRETAGNE. — 1500 mc. — Curon et Wœrth ; Manceau, Hudin. — Usine de la Villette, 27 oct., 11 m. — Verdun, 2 h. s.

19. COLONEL CHARRAS. — 2000 mc. — Gilles. — 500 kilog. — Gare du Nord, 29 oct., midi. — Montigny (Haute-Marne), 5 h. s.

20. FULTON. — 2000 mc. — Le Gloennec, marin ; Cézanne. — 250 kilog. — Gare d'Orléans, 2 nov., 8 h. — Angers, 2 h. s

21. FD. FLOCON. — 2000 mc. — Vidal ; Lemercier de Jauvelle. — 150 kilog. — Gare du Nord, 4 nov., 9 h. — Châteaubriant, 3 h.

22. LE GALILÉE. — 2000 mc. — Husson ; Ét. Antonin. — 420 kilog. — Gare du Nord, 4 nov., 2 h. — Chartres, 6 h. 30 s.

23. LA LIBERTÉ. — 10.000 mc. — W. de Fonvielle. — Échappé au gonflement à l'usine à gaz, 14 nov. — Chute au Bourget.

24. VILLE DE CHÂTEAUDUN. — 2000 mc. — Bosc. — 450 kilog. — Gare du Nord, 4 nov. 9 h. — Voves (Eure-et-Loire).

25. GIRONDE. — 1800 mc. — Gallay, marin ; Herbaut, Gambes, Barry. — 60 kilog. — Gare d'Orléans, 8 oct., 8 h. — Granville, 3 h. s.

26. NIEPCE. — 2500 mc. — Pagano, marin ; Dagron, Fernique, Poisot, Gnocchi. — Gare d'Orléans, 12 oct., 9 h. 15. — Vitry, 2 h. s.

27. DAGUERRE. — 2000 mc. — Jubbert, marin ; Pierron, Nobécourt. — 250 kilog. — Gare d'Orléans, 12 oct., 9 h. 15. — Ferrières, midi.

28. GÉNÉRAL ULRICH. — Lemoine, marin ; Thomas, colombophile. — 80 kilog. — Gare du Nord, 18 nov., 11 h. s. — Luzarches, 8 h. m.

29. VILLE D'ORLÉANS. — *Aéronaute* : Rolier, marin; *Passagers :* Bezier. — *Poids des dépêches :* 250 kilogrammes. — *Départ* de la gare du Nord, le 24 novembre, à 11 heures du soir. — *Descente* à Krödschered (Norvège), midi, le 25 novembre.

30. ARCHIMÈDE. — J. Buffet, marin; Jaudas, de Saint-Valry. — 220 kilog. — Gare d'Orléans, 24 nov., minuit. — Castelré (Hollande), 7 h. m.

31. ÉGALITÉ. — W. de Fonvielle; Bunel, Rouzé, de Viloutray. — Usine à gaz de Vaugirard, 24 nov., 9 h. m. — Louvain (Belgique), 2 h. s.

32. JACQUARD. — Prince, marin. — 250 kilog. — Gare d'Orléans, 30 nov., 11 h. s. — Perdu en mer.

33. JULES FAVRE II. — Martin; du Cauroy. — 50 kilog. — Gare du Nord, 30 nov., 11 h. s. — Belle-Isle-en-Mer. — 7 h. m.

34. BATAILLE DE PARIS. — Poirrier; Lissajous. — Gare du Nord, 1er déc., 5 h. m. — Grandchamp, 11 h. m.

35. VOLTA. — Chapelain, marin; Janssen. — Gare d'Orléans, 2 déc., 6 h. m. — Savenay (Loire-Inférieure), midi.

36. FRANKLIN. — Marcia, marin; comte d'Andrecourt. — Gare d'Orléans, 4 déc., 1 h. m. — Nantes, 8 h. m.

37. ARMÉE DE BRETAGNE. — Surrel, Alavoine, consul. — 400 kilog. — Gare du Nord, 5 déc., 6 h. m. — Bouillet (Deux-Sèvres), midi.

38. DENIS PAPIN. — Domalin, marin; Montgaillard, Delort, Robert. — 55 kilog. — Gare d'Orléans, 7 déc., 1 h. m. — Le Mans, 8 h. m.

39. GÉNÉRAL RENAULT. — Joignerey, acrobate; Wolf, Lermangeat. — Gare du Nord, 11 déc., 3 h. m. — Rouen, 5 h. m.

40. VILLE DE PARIS. — Delamarne, Morel, Billebaut. — 70 kilog. — Gare du Nord, 15 déc., 4 h. m. — Wetzlar (Prusse), 1 h. s.

41. PARMENTIER. — Paul, marin; Desdouet. — 160 kilog. — Gare d'Orléans, 17 déc., 1 h. m. — Gourgançon (Marne), 9 h. m.

42. GUTENBERG. — Perruchon, marin; Lévy, Louisy, d'Almeida. — Gare d'Orléans, 17 déc., 1 h. m. — Montpreux (Doubs), 9 h. m.

43. DAVY. — Chaumont, marin; Deschamps. — 25 kilog. — Gare d'Orléans, 18 déc., 5 h. m. — Beaune, 9 h. m.

44. GÉNÉRAL CHANZY. — Werrecke; Julliac, Jouffryon, de l'Épinay. — 25 kilog. — Gare du Nord, 20 nov., 3 h. m. — Rotemberg, 11 h. m.

45. LAVOISIER. — Ledret, marin; Raoul de Boisdeffre. — 175 kilog. — Gare d'Orléans, 22 déc., 2 h. 30. — Beaufort (Maine-et-Loire), 9 h. m.

46. DÉLIVRANCE. — Gauchet; Reboul. — 10 kilog. — Gare du Nord, 23 déc., 3 h. 30. — Roche-Bernard (Morbihan), midi.

47. ROUGET DE LISLE. — Jahn, marin; Garnier. — Gare d'Orléans, 24 déc., 3 h. m. — Alençon, 9 h. m.

48. TOURVILLE. — *Aéronaute* : Mouttet, marin ; *Passagers* : Miége, Delaleu. — *Poids des dépêches :* 160 kilogrammes. — *Départ* de la gare d'Orléans, le 27 décembre, à 4 heures du matin. — *Descente* à Eymoutiers (Haute-Vienne), à 1 heure du soir.

49. BAYARD — Réginensis, marin ; Ducoux. — 110 kilog. — Gare d'Orléans, 29 déc., 4 h. m. — La Mothe-Achard (Vendée), midi.

50. ARMÉE DE LA LOIRE. — Lemoine. — 250 kilog. — Gare du Nord, 30 déc., 5 h. m. — Le Mans, 1 h. s.

51. MERLIN DE DOUAI. — Griseaux ; Eugène Tarbé. — Gare du Nord, 3 janv., 4 h. m. — Massay (Cher), 11 h. 45 m.

52. NEWTON. — Ours, marin ; Broussot. — 300 kilog. — Gare du Nord, 4 janv., 4 h. m. — Digny (Eure-et-Loire), 8 h. m.

53. DUQUESNE. — Richard ; trois marins. — Gare d'Orléans, 9 janv., 3 h. m. — Reims, 8 h. m.

54. GAMBETTA. — Duvivier, marin ; de Fourcy. — 250 kilog. — Gare du Nord, 9 janv., 3 h. m. — Clamecy (Yonne), 2 h. s.

55. KÉPLER. — Roux, marin ; Dupuy. — 160 kilog. — Gare d'Orléans, 11 janv., 3 h. 30. — Laval (Mayenne), 9 h. m.

56. MONGE. — Raoul Guigné. — Gare d'Orléans, 13 janv., midi. — Arpheuilles (Indre), 8 h. s.

57. GÉNÉRAL FAIDHERBE. — Van Seymortier ; Hurel et 4 chiens. — 60 kilog. — Gare du Nord, 13 janv., 3 h. 30. — Gironde, 2 h. s.

58. VAUCANSON. — Clariot, marin ; Valade, Delente. — 75 kilog — Gare d'Orléans, 15 janv., 3 h. m. — Armentières (Belgique), 9 h. m.

59. STEENACKERS. — Veibert ; Gobron. — Gare du Nord, 16 janv., 7 h. m. — Dunes du Zuyderzée, midi.

60. POSTE DE PARIS. — Turbiaux ; Cleray, Cavaillon. — 70 kilog. — Gare du Nord, 16 janv., 3 h. m. — Van Ruy (Pays-Bas), 11 h.

61. GÉNÉRAL BOURBAKI. — Mangin jeune ; Boisenfrais. — 125 kilog. — Gare du Nord, 20 janv., 4 h. m. — Bazancourt (Meuse), 10 h. m.

62. GÉNÉRAL DAUMESNIL. — Robin, marin. — 250 kilog. — Gare de l'Est, 22 janv., 4 h. m. — Charleroi (Belgique), 8 h. m.

63. TORRICELLI. — Bely, marin. — 230 kilog. — Gare de l'Est, 24 janv., 3 h. m. — Vearberie (Oise), 11 h. m.

64. RICHARD WALLACE. — Lacaze, soldat. — 220 kilog. — Gare du Nord, 27 janv., 3 h. — Perdu en mer.

65. GÉNÉRAL CAMBRONNE. — Tristan, marin. — 20 kilog. — Gare de l'Est, 28 janv., 6 h. m. — Mayenne, 1 h. s.

En somme 64 ballons-poste ayant enlevé 64 aéronautes et 88 passagers, plus de 10000 kilogrammes ou quatre millions de lettres, plusieurs centaines de pigeons voyageurs, se sont élevés pendant les cinq mois qu'a duré le siège de Paris. Sur ces 64 ballons, 2 ont été perdus en mer, 5 ont été capturés par l'ennemi et 4 ont perdu leurs dépêches.

Aussitôt arrivés en province, les aéronautes du siège, marins et civils, étaient embrigadés et envoyés aux armées pour se servir de leurs ballons comme captifs et pour l'observation des mouvements de l'ennemi. Mais malgré les efforts de M. Steenackers, directeur des postes et télégraphes de province, les aérostats ne servirent pas à grand'chose. Duruof, Tissandier, Revillod, Gilles, Mangin, ne furent d'aucune utilité à l'armée pendant cette période, car ils ne purent gonfler leurs ballons, ou s'en servir quand ils parvinrent à les gonfler.

Après le siège, le gouvernement qui succéda à celui de la Défense nationale eut la velléité d'avoir des aérostats militaires : Duruof en fut même décrété capitaine, mais ces aérostiers n'eurent pas le temps de s'organiser.

C'est en 1879 que fut réorganisée, grâce à Gambetta, l'École aéronautique de Meudon, qui devint une simple usine de fabrication de ballons captifs

pour les armées[1]. Le matériel de chaque parc aéronautique comprenait un treuil à vapeur, un appareil

MINISTÈRE DE LA GUERRE

RAPPORT AU PRÉSIDENT DE LA RÉPUBLIQUE FRANÇAISE

Paris, le 19 mai 1886.

MONSIEUR LE PRÉSIDENT

Les progrès accomplis, pendant ces dernières années, dans la construction des aérostats et l'application qui en a été faite aux besoins de
l'armée ont conduit à des résultats importants et semblent permettre
d'en espérer, dans un avenir peu éloigné, de plus grands encore.

Dans ces conditions, j'estime qu'il conviendrait de réglementer, dès
aujourd'hui, le service de l'aérostation militaire, resté, jusqu'à présent,
sans existence officielle. Le projet de décret que j'ai l'honneur de soumettre à votre approbation définit les principes de l'organisation de ce
service nouveau.

L'établissement actuel de Chalais formerait un centre d'études, une
école et un arsenal spécial de construction. Des parcs aérostatiques
seraient, en outre, constitués. La direction supérieure du service serait
confiée à mon état-major général.

Un personnel d'officiers désignés en raison de leur aptitude spéciale et
des troupes d'aérostiers fournies par les régiments du génie, en assure-
raient l'exécution.

Si vous approuviez ces dispositions, je vous serais reconnaissant, Monsieur le Président, de vouloir bien revêtir de votre signature le projet de
décret ci-joint.

Veuillez agréer, Monsieur le Président, l'hommage de mon respectueux
dévouement.

Le Ministre de la guerre,
Général BOULANGER.

Le Président de la République française,

Sur le rapport du ministre de la guerre,

Décrète :

ARTICLE PREMIER. — Le service de l'aérostation militaire a pour objet :

1° Les études relatives à la construction et à l'emploi des ballons
pour les besoins de l'armée ;

à gaz hydrogène automobile et un fourgon pour les matières nécessaires au gonflement. Jusqu'à la fin de 1881, cette usine fonctionna sans rien fabriquer autre chose que les ballons et leur matériel, quand un beau matin, l'idée de construire un ballon dirigeable mû par l'électricité vint à la pensée des directeurs de l'établissement. On obtint des fonds, le ballon fut construit et passa, après essai par temps calme, pour s'être parfaitement dirigé. Depuis, l'usine de Meudon

2º La construction, la conservation et l'entretien du matériel aérostatique;

3º L'instruction du personnel militaire chargé de la manœuvre des ballons.

ART. 2. — L'établissement actuel de Chalais prend le titre d'ÉTABLISSEMENT CENTRAL D'AÉROSTATION MILITAIRE; il comprend un atelier d'études et d'expériences, un arsenal spécial de construction et une école d'instruction. Un personnel spécial lui est attaché.

ART. 3. — Des parcs aérostatiques sont installés dans chacune des écoles régimentaires du génie et dans certaines places déterminées par le ministre de la guerre; une compagnie de chacun des quatre régiments du génie est affectée au service de l'aérostation militaire.

ART. 4. — La direction générale du service de l'aérostation militaire et la direction immédiate de l'établissement central sont dans les attributions de l'état-major général du ministre de la guerre.

ART. 5. — Une instruction ministérielle spéciale déterminera les détails de l'organisation et le mode de fonctionnement du service.

ART. 6. — Le ministre de la guerre est chargé de l'exécution du présent décret.

Fait à Paris, le 19 mai 1886.

JULES GRÉVY.

PAR LE PRÉSIDENT DE LA RÉPUBLIQUE :
   Le Ministre de la guerre,
Général BOULANGER.

(Journal officiel, 20 mai 1886.)

construit toujours des ballons captifs et attend des fonds pour refaire d'autres « dirigeables ».

A l'étranger, l'aérostation militaire est à l'ordre du jour, et on en peut donner comme preuve la construction qui a été faite dernièrement par M. Gabriel Yon, le plus savant ingénieur-aéronaute français, des matériels de ballons captifs pour les gouvernements italien et russe.

« L'ensemble d'un parc aérostatique de mon système, dit M. G. Yon, se compose des pièces suivantes :

« 1° Le générateur à gaz hydrogène pur à marche rapide et continue, monté sur un chariot à quatre roues, et qui se compose d'un bouilleur en tôle garnie de plomb pour résister à l'acide. Ce bouilleur est surmonté d'un gueulard pour recevoir la tournure de fer et complété par une fermeture hydraulique.

« L'eau et l'acide nécessaires à la production du gaz sont distribués dans le rapport voulu et automatiquement par des corps de pompe actionnés par un petit moteur à vapeur spécial, desservi par une tuyauderie de reliage en toile caoutchouquée, et en rapport avec la chaudière de la machine motrice. Le gaz, à sa sortie du bouilleur, passe dans le laveur où il barbote dans de l'eau constamment renouvelée par une pompe particulière attelée sur la bielle du moteur, puis de là se rend au sécheur, lequel est composé de deux récipients contenant de la soude caustique et du chlorure de calcium, puis continue sa course par l'intermédiaire d'un tuyau mobile en tissu verni, jusqu'au ballon récepteur.

« Le poids de ce chariot, constituant le matériel chimique et y compris tous ces accessoires, est de 2800 kilogrammes : la puissance de production du générateur à hydrogène pur est de 250 à 300 mètres cubes par heure de marche effective.

« 2° Le treuil à vapeur pour la manœuvre du câble d'ascension ; il est monté également sur un chariot à quatre roues, et comporte d'abord une chaudière verticale avec tubes système Field, fournissant la vapeur à une machine motrice à deux cylindres, laquelle actionne un arbre dont les manivelles sont conjuguées à angle droit ; sur cet arbre est calé un système d'engrenage qui communique le mouvement aux poulies de touage tractionnant le câble d'ascension qui se trouve relié lui-même à l'aérostat par l'intermédiaire d'une poulie à mouvement universel, ayant son enroulement absolument automatique sur le tambour récepteur ; la partie mécanique est complétée par un frein à air, modérateur de la vitesse ascensionnelle de l'aérostat et par un frein de sûreté, dit de bloquage, pour l'arrêt.

« L'ensemble du matériel mécanique très complet est de 2500 kilogrammes et la puissance effective pouvant être développée par la machine motrice est de 5 chevaux sur l'indicateur des pistons.

« 3° L'aérostat, qui est en soie de Chine ; il cube 550 mètres et est muni d'un filet, confectionné avec du chanvre de Naples ; le tissu du ballon est rendu imperméable au moyen d'un vernis spécial à base d'huile de lin, et le filet lui-même ainsi que les suspensions sont passés à une préparation imputrescible par l'emploi du cachou ; les soupapes sont construites en bois et métal accouplés et leur étanchéité est parfaite ; le joint étant fermé, sous traction de ressort, par la pression d'un couteau métallique sur une bande de caoutchouc à gorge interne élastique.

« La suspension en général est particulièrement remarquable en ce sens que sa jonction au filet a lieu par un point central dit à la Cardan, qui permet toutes les obliquités possibles à l'aérostat, tout en conservant la verticalité la plus parfaite à la nacelle ; un dynamomètre relie le câble d'ascension à l'ensemble du système, ce qui permet de connaître à chaque moment la traction produite sur ce dernier par la décomposition de l'effort ascensionnel du ballon en raison de la poussée qu'il subit sous l'action du vent.

« Le câble a 500 mètres de longueur, il possède

un réseau télégraphique desservi par un téléphone Siemens, avec contact par balai entre les tourillons du tambour récepteur à terre et la suspension de la nacelle, de façon à avoir continuellement la communication à toutes les hauteurs entre les aéronautes et les officiers à renseigner.

« Les organes d'arrêt, tels que corde-frein et ancre, ont été eux-mêmes très améliorés et leur effet utile à poids égal a été plus que doublé.

« La totalité du matériel aérostatique est agencé dans un troisième chariot porteur monté sur quatre roues qui pèse, tout compris, contenant et contenu, 2200 kilogrammes.

« C'est donc en réalité, pour chaque parc complet, un poids total de 7500 kilogrammes à transporter sur trois chariots spéciaux ; le reste, comportant le charbon, l'acide et le fer, pouvant être chargé sur les fourgons ordinairement employés par l'armée en pareil cas. »

C'est de semblables appareils que sont maintenant munies la Russie, la Chine et l'Italie. En Amérique on cherche plutôt à posséder des ballons dirigeables, comme nous le verrons plus loin, et à créer, en un mot, de véritables monitors de l'air, des torpilleurs aériens automobiles. Mais nous doutons fort qu'on y parvienne.

En somme, la France n'est plus seule aujourd'hui à s'occuper d'aérostation militaire. Toutes les nations importantes, ses voisines, ont compris l'intérêt des ballons militaires, et, en cas de guerre européenne, nous verrions, non plus comme à Fleurus un aérostat solitaire, mais de nombreux ballons captifs étudiant de loin les mouvements des troupes, et peut-être aussi des ballons *dirigeables* emportés par le vent et tournoyant dans les airs troublés, en essayant de se « torpiller » mutuellement.

CHAPITRE V

CONSTRUCTION DES AÉROSTATS

Point n'est besoin de rappeler ici le principe de
l'ascension des aérostats, qui repose sur la différence
de densité du gaz qu'ils renferment, avec la densité
de l'air atmosphérique. Les ballons sont de véritables
bouées, mobiles dans le sens vertical, et ils agissent
au sein des airs comme le bouchon au milieu de l'eau,
par suite de leur légèreté spécifique. Ce principe est
si simple que, lors de la découverte des frères
Montgolfier, Lalande écrivait : « Cela doit être, comment n'y a-t-on pas déjà pensé ? »

Aujourd'hui, on ne fait plus que rarement usage
des ballons à feu, ou montgolfières, dont on provo-
que l'ascension en dilatant l'air intérieur au moyen
d'un foyer. Le ballon à gaz, présentant plus de sécu-

rité, est à peu près exclusivement employé, et nous indiquerons ici comment on parvient à l'édifier.

Le matériel de l'aérostat se compose des pièces suivantes :

L'enveloppe avec ses soupapes ;

La corderie avec le cercle ;

La nacelle ;

Les engins d'arrêt ;

Les appareils pour le gonflement et pour les observations.

I. ENVELOPPE. — L'enveloppe d'un aérostat est constituée par la réunion de pièces d'étoffes découpées géométriquement, par les procédés que nous allons étudier. On choisit ordinairement la soie cuite ou taffetas, la soie grise ou ponghée de Chine, la cretonne et la percale. Actuellement, la percale et le ponghée sont les deux étoffes les plus employées pour les constructions aéronautiques. Inutile de dire qu'elles doivent être imperméabilisées par l'application d'une gomme ou d'un vernis quelconque avant de pouvoir être utilisées. On étend ce vernis, une fois la couture du ballon terminée.

Supposons, comme c'est le cas le plus ordinaire, que nous ayons un ballon sphérique à construire. On peut employer pour le tracé et la coupe des fuseaux le procédé géométrique suivant :

On décrit, à l'échelle, un quart de cercle ACB dont le rayon est égal à celui du ballon que l'on veut obtenir.

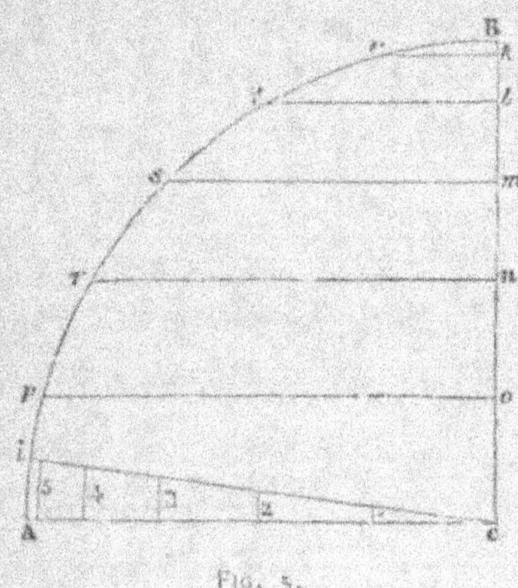

Fig. 5.

Fig. 6. — Aspect d'un fuseau une fois découpé.

On divise ensuite l'arc AB en six parties égales ; pour cela, il suffit de porter successivement le rayon AO sur la circonférence de A en D et de B en C. On obtient ainsi trois arcs égaux : AC, CD, DB. Si l'on divise chacun d'eux en deux parties égales par les points E, F, G, l'arc AB sera divisé en six parties égales. Par les points de division, on mène des parallèles au rayon AO, qui coupe le quart de cercle aux points p, r, s, t, g. On joint alors le centre C au milieu M de l'arc AE et on décrit au même point O comme centre avec des rayons respectivement égaux à Ee, Cc, etc., des arcs de cercle aa', bb', etc. Admettons que le cercle auquel appartient l'arc AB soit l'équateur du ballon, l'arc AM en sera la vingt-quatrième partie, les arcs aa', bb', etc., seront alors la vingt-quatrième partie des parallèles de rayons Ee, Cc, Ff, etc.

Ceci posé, sur une ligne droite XY portons douze foisla longueur AM, et des points de division 1, 2, 3, 4, 5, 6, de part et d'autre du milieu Q, décrivons des arcs de cercle avec des rayons respectivement égaux aux longueurs AM, aa' bb'; si l'on trace une courbe tangente à la fois à tous ces arcs de cercle et qui passe en X et Y, on obtiendra un fuseau dont la surface est la vingt-quatrième partie de celle de la sphère.

Il faut, lorsqu'on taille des fuseaux, avoir soin de laisser un rebord de 2 ou 3 centimètres, pour qu'on les puisse réunir ensemble sans détruire la forme du ballon. La couture se fait maintenant à l'aide des machines à coudre, quoique quelques aéronautes s'efforcent de conserver la couture à la main, plus solide, prétendent-ils.

M. Gabriel Yon, l'ingénieur aéronaute renommé, préconise un autre procédé de construction que nous n'hésitons pas à reconnaître de beaucoup supérieur à celui qui précède. Voici ce que dit notre savant collègue :

« Je rappellerai, pour la forme, que la circonférence d'une sphère s'obtient en multipliant son diamètre par le rapport invariable représenté par II, 3,1416, et que sa surface est égale à cette circonférence multipliée par le diamètre D ; j'ajouterai encore que le cube d'une sphère est exactement le produit de sa surface multiplié par le sixième de son diamètre ; toutes ces opérations, quoique très simples par elles-mêmes, sont nécessaires à l'explication qui va suivre et m'aideront à rendre plus saisissante le façon de procédé que j'emploie.

« Étant donné la confection d'un aérostat sphérique de 1200 mètres cubes, le diamètre, dans ce cas, ressort par $D = 13^m,20$, nous aurons donc la formule $(D \times \mathrm{II} \times D \times \frac{D}{6} = 1204^m,344)$ représentant les calculs ci-après, $13^m,20 \times 3,1416$ pour la circonférence, soit $41^m,469$, d'où $41^m,469 \times 13^m,20 = 547^m,383$ pour la surface et $547^m,383 \times \frac{13,20}{6} = 1204^{ms},344$ pour le cube.

« Ceci une fois établi, il nous faut encore rechercher le nombre des côtes correspondantes en utilisant une étoffe supposée être de $0^m,80$ de largeur, tout en

tenant compte d'une marge suffisante pour le sur-
croît des coutures et des lambeaux d'étoffe qui tombent comme déchet sur les lisières pendant la coupe.
La couture ordinairement employée en pareil cas
nécessite $0^m,015$ pour chaque côté du fuseau, soit
$0^m,03$ par fuseau ; si nous ajoutons un écart à peu près
égal pour les fausses coupes, nous ne pouvons guère
compter sur plus de $0^m,80 - (0^m,015 \times 4)$, soit $0^m,74$
comme largeur effective de l'étoffe employée, or,
$\frac{41^m,40}{0^m,74} = 56$ fuseaux. Il ne nous reste plus qu'à exécuter l'opération du tracé graphique, suffisamment
explicable par la démonstration du problème géométrique qui résulte de la formule ci-dessous :

$$0^m,74 : 13^m,20 :: x : 1^m,$$

d'où $\frac{0^m,74}{13^m,20} = 0^m,056$ comme valeur de x et égale à
1 mètre pour celle de l'échelle de proportion du plan
ramené à la largeur de l'étoffe qui doit servir à
l'établir.

« Comme il ne serait pas possible, ajoute M. Yon,
de donner un dessin de la grandeur que donnerait
une semblable échelle, on peut le réduire au dixième
d'exécution. Il est facile de se rendre compte sur la
figure que toutes les parallèles sont forcément exactes
et qu'il suffira de les distancer entre elles dans la proportion voulue pour avoir un des fuseaux de l'aérostat. Exemple :

« Le nombre de divisions du cercle étant de 40 et la circonférence de $41^m,469$, on a $\frac{41,469}{40} = 1^m,036$ pour chaque distance des parallèles, d'où, pour la partie supérieure, depuis le point central O de la soupape jusqu'à l'équateur, dix parallèles, et de l'équateur à l'appendice portant la tubulure inférieure de gonflement, onze parallèles, soit un total de vingt et une parallèles par fuseau. La longueur vraie de ce fuseau sera donc la suivante (dans son axe longitudinal) : Parallèles de O jusqu'à 22 ou $21 \times 1^m,036 = 21^m,756$.

« Ces chiffres viennent confirmer la valeur de la formule employée et celle du tracé graphique utilisé; ils pourront également servir de contrôle aux mesures que donnerait le même plan s'il était en grandeur d'exécution. »

Voilà donc notre fuseau tracé sur le papier. Taillons, avec l'étoffe même qui va servir à faire le ballon, un patron qui servira à couper tous les autres fuseaux, en ayant soin de laisser toujours un rebord de 1 centimètre de chaque côté pour la couture. Certains aéronautes épinglent le patron sur une bande d'étoffe et découpent les fuseaux un par un avec des ciseaux, mais il existe une méthode beaucoup plus rapide. On fixe le patron sur toutes les bandes d'étoffe empilées les unes sur les autres et, à l'aide d'un tranchet solide, on découpe tous les fuseaux à la fois en sui-

vant les contours du modèle. On pourrait aussi
obtenir ce tranchage à l'aide d'un disque affûté tournant rapidement sur lui-même ; ou d'une scie à
ruban, comme cela se pratique chez les grands tailleurs
qui découpent de cette façon et
presque instantanément vingt ou
vingt-cinq costumes tracés.

Les fuseaux une fois découpés, il
faut procéder à leur assemblage et
à leur réunion qui se fait le plus
souvent à la machine à coudre.
On coud d'abord les différents morceaux d'étoffe qui doivent composer
le fuseau (tête, partie équatoriale,
appendice), puis on unit chaque
fuseau à un autre. La dernière cou-
ture réunit les deux pièces du ballon qui se trouve
ainsi terminé. Certains constructeurs et aéronautes
ajoutent cependant, et dans le but d'éviter des déper-
ditions de gaz par les coutures, une bande qui les
recouvre et est fixée avec une dissolution de caoutchouc à chaud.

Fig. 7. — Montgolfière
et son réchaud.

Nous allons maintenant passer à l'épure du filet
qui enveloppe l'aérostat dans un réseau de mailles,
depuis le cercle de la soupape supérieure jusqu'au
point de tangence des pattes-d'oie inférieures, pour

se terminer par les cordes de suspension du cercle supportant la nacelle.

En principe, il est bon de ne pas dépasser 1/3 de mètre, comme mesure de grandeur d'une maille à l'équateur, dans les ballons de petit cube; de plus le nombre des cordes qui relient le filet au cercle doit toujours être pair, c'est-à-dire divisible à l'infini; or, la circonférence étant de $41^m,469$, on trouve $\frac{41^m,469}{128} = 0^m,324$, comme mesure d'une maille à l'équateur, en prenant comme chiffre 128 divisions; les petites pattes-d'oie inférieures réunissant chacune deux mailles, on aura pour leur quantité $\frac{128}{2} = 64$; et enfin, pour les grandes pattes-d'oie, qui prennent à leur tour deux des petites $\frac{64}{2} = 32$; ce nombre est exactement celui des cordeaux de suspension qui relient le réseau du filet au cercle intermédiaire de la nacelle; les cordages de celle-ci sont moins nombreux et en général de $\frac{32}{4} = 8$.

La composition du filet sera donc la suivante :

Cordes de nacelle, 8;

Cordes de suspension, 32;

Petites pattes-d'oie, 64;

Nombres de mailles, 128;

Et comme il y a deux petites cordes par maille, on aura un total de 256 cordes comme pour effort général au sommet.

Il suffit, une fois ces chiffres établis, de procéder graphiquement, comme pour le ballon (pour l'épure du filet, de l'équateur à la soupape d'un sens et de l'équateur au point de tangence inférieure des pattes-d'oie, de l'autre), en traçant un second fuseau proportionnel sur le premier, tel que le représente la figure 2, la distance des parallèles restant, pour l'un comme pour l'autre, identiquement semblable; la formule devient celle-ci :

$$0^m,324 : 13^m,20 :: x : 1^m$$

d'où $\frac{0,324}{13,20} = 0,024545$ comme valeur de x et égale à 1 mètre pour l'échelle du plan servant au filet.

Ce dernier fuseau terminé sur l'épure en papier appelée à se servir de gabarit, pour la coupe de l'étoffe du ballon, il ne reste plus, pour finir, qu'à tracer les mailles suivant leur décroissance naturelle, de l'équateur à la partie supérieure, au moyen d'une équerre; pour les mailles inférieures qui ne changent pas de mesure, il faudra continuellement reporter la même distance jusqu'aux premières pattes-d'oie; le point de départ de la maille équatoriale n'est autre que deux triangles équilatéraux dont les côtés se rencontrent en formant un losange parfait, d'où, toutes les mailles supérieures conservent le même angle et la même forme, mais varient de grandeur en décroissant jusqu'au sommet, tandis que les mailles inférieures dont la longueur de côté du losange est invariable, changent d'angle et de forme au fur et à mesure qu'elles se rapprochent de la tangente où commencent les premières pattes-d'oie et s'allongent de plus en plus comme il est indiqué à la figure.

Cette combinaison a sa raison d'être pour satisfaire à l'opération délicate du gonflement, car il faut tenir compte de ce que les sacs de lest, accrochés tout autour de la circonférence du ballon, suivent forcément presque une verticale en vertu de leur pesanteur à partir de l'équateur et que le filet doit remplir les mêmes conditions, c'est-à-dire descendre sous forme de cylindre jusqu'aux pattes-d'oie qui le terminent.

Les cordes de suspension doivent conséquemment avoir comme longueur environ la moitié du diamètre de l'aérostat (défalcation faite du cercle de la nacelle) afin de pouvoir former un semblant d'angle droit entre les extrémités des grandes pattes-d'oie et ce cercle au moment du glissement des sacs sur les cordes pour le dressage du ballon sur sa nacelle.

L'exécution manuelle du filet s'exécute suivant différents procédés dont les deux plus employés sont les suivants : la *tête* du filet étant faite, on l'attache à un crampon fixé dans un mur et, tenant d'une main la navette sur laquelle la corde est enroulée, on fabrique chaque tour de mailles en mesurant chacune d'elle sur un calibre tenu de la main gauche. Ou bien, l'épure étant tracée sur une planche, on plante des clous à l'intersection de chaque maille et on les reproduit calquées sur le dessin.

Lorsque l'enveloppe du ballon est terminée, il faut procéder au *vernissage* qui a pour but de la rendre moins perméable aux gaz qui peuvent s'échapper par action endosmotique à travers les pores du tissu. Le vernis le plus employé est simplement un mélange d'huile de lin et d'essence de térébenthine, que l'on fait longtemps bouillir et que l'on rend siccatif par une addition de litharge. On pourrait aussi utiliser une dissolution de caoutchouc, mais l'opération étant rendue plus difficile, on se sert fort rarement de ce vernis. Enfin, il paraît que l'on a récemment inventé à l'usine militaire d'aérostation de Meudon un nouveau vernis, facile à appliquer, ne corrodant pas l'étoffe, séchant rapidement, et d'une imperméabilité remarquable.

Quoi qu'il en soit, l'opération du vernissage s'exécute comme suit. Après avoir étendu le ballon sur une longue table, on humecte de vernis le fuseau qui se trouve placé en dessus. A l'aide de tampons faits des déchets de la couture, ou même avec la paume de la main, on étale ce vernis sur l'étoffe, et on force l'huile à pénétrer dans les pores. Une fois que toute la surface de l'aérostat a été frottée, on le retourne comme un gant et on fait de même pour l'intérieur.

Par suite de la réaction chimique qui se produit, l'étoffe s'échauffe considérablement aussitôt après l'application du vernis à sa surface. Pour combattre cet échauffement qui, mal surveillé, dégénérerait fatalement en incendie, et pour favoriser en même temps le séchage, il est d'usage de remplir l'aérostat d'air ordinaire, à l'aide d'un ventilateur et de le retourner de temps à autre, pour activer l'évaporation de l'huile.

Le séchage terminé, on applique une seconde couche de vernis, on ventile, puis on en étend une troisième et une quatrième, jusqu'à ce que l'épaisseur de la pellicule soit suffisante et l'imperméabilité assurée.

« Les étoffes qui se prêtent le mieux à la construction d'un ballon, dit M. Gabriel Yon que nous avons déjà cité, sont de quatre genres, et on peut les classer comme suit, suivant leurs prix, poids et résistance.

« 1° La soie ou taffetas coûte 10 francs par mètre carré de surface d'étoffe, son coefficient de résistance est égal à 20 000 fois son poids propre qui est d'environ 50 grammes par mètre carré, ou $50^{gr} \times 20\,000 = 1000$ kilogrammes à la rupture par mètre ;

« 2° Le ponghée ou soie de Chine, revient à $3^{fr},50$ par mètre carré de tissu, il pèse environ 80 grammes et supporte 12 500 fois son poids, ou $80^{gr} \times 12\,500$ fois $= 1000$ kilogrammes;

« 3° La toile de lin coûte $2^{fr},50$ le mètre carré, elle pèse environ 125 grammes, son coefficient de rupture est de 8000 fois son poids propre, ou $125^{gr} \times 8000$ fois $= 1000$ kilogrammes;

« 4° Le coton ou madapolam s'achète de 1 franc à $1^{fr}.25$ le mètre carré, il pèse environ 167 grammes et résiste à 6000 fois son poids propre, ou $167^{gr} \times 6000$ fois $= 1000$ kilogrammes.

« Il est facile avec ce qui précède de se rendre compte des différences de poids qu'il faut compter pour le matériel, si l'on veut rester dans la résistance initiale de 1000 kilogrammes à la rupture par mètre carré d'étoffe, que je conseille pour un aérostat de 1200 mètres cubes.

« Comme il existe toujours une différence dans la force des tissus, entre le sens de la chaîne et celui de la trame, il faut avoir soin de prendre comme rapport le plus faible des deux.

« Nous allons continuer cette étude par celle du vernis que l'on emploie pour imperméabiliser les étoffes quelles qu'elles soient et déterminer les poids additionnels qu'il communique aux tissus pendant le vernissage du ballon.

« Son prix courant est d'environ 2 francs le kilogramme. La soie pesant 50 grammes par mètre carré prend comme vernis pour trois couches (environ) 1 fois à 1 fois 1/2 son poids au maximum.

« Soit $50 \times 15 = 75$ grammes d'huile cuite.

« Et $50 + 75 + 125$ grammes pour le poids total du mètre carré d'étoffe vernie.

« Le ponghée pesant 80 grammes par mètre carré prend également en vernis à trois couches (environ) 1 fois à 1 fois 1/2 son poids.

« Soit $80 \times 15 = 120$ grammes d'huile cuite.

« Et $80 + 120 = 200$ grammes pour le poids total du mètre carré d'étoffe vernie.

« La toile pesant 125 grammes par mètre carré n'augmente de densité avec ses trois couches que de (environ) 1 fois à 1 fois 1/2 son poids.

« Soit $125 \times 15 = 187$ grammes d'huile cuite.

« Et $125 + 187 = 312$ grammes pour le poids total du mètre carré d'étoffe vernie.

« Le tissu de coton pesant 167 grammes par mètre carré n'augmente de densité avec ses trois couches que de (environ) 1 fois 1/2 son poids.

« Soit $167 \times 15 = 250$ grammes d'huile cuite.

« Et $167 + 250 = 417$ grammes pour le poids total du mètre d'étoffe vernie. »

Le poids respectif de chaque étoffe, vernie, sera donc de 125 grammes pour la soie, 200 grammes pour le ponghée, 300 grammes pour la toile de lin et 400 grammes pour le coton : percale ou cretonne, et par mètre carré de surface.

II. SOUPAPES. — Les organes qui viennent complé-ter l'ensemble de l'aérostat sont les soupapes d'éva-cuation, le cercle de retenue, la nacelle, et les engins d'arrêt. Un bon aérostat, bien construit, doit posséder deux soupapes : une placée à la partie supérieure du ballon et que l'aéronaute manœuvre de la nacelle à l'aide d'une corde ; l'autre qui termine l'appendice inférieure et qui s'ouvre automatiquement lorsque la pression du gaz dépasse un certain niveau.

Au début de l'aérostation, le physicien Charles avait fait une soupape supérieure, ressemblant absolument à une soupape d'orgue. C'était une plaque recouverte de peau et qui s'appliquait contre un rebord circulaire par l'effet d'un contrepoids. Blanchard et plusieurs autres aéronautes ne connurent et n'employèrent guère que ce système fort rudimentaire. Il est vrai que la soupape en bois qui succéda à l'appareil de Charles était encore un système fort grossier, cepen-c'est encore celle qui est employée actuellement. Elle se compose d'un cercle en bois, relié au ballon par une collerette cylindrique entourée d'un cuir cloué tout autour. Ce cercle, en bois de noyer, porte en son milieu, et suivant son diamètre, une traverse qui supporte un chevalet, sur lequel passent des ressorts en caoutchouc qui ont pour but de maintenir les deux volets de la soupape exactement appliqués contre un rebord du cercle. Pour assurer l'étanchéité du joint, on enduit ce rebord d'un mélange de suif et de farine de lin, malaxés avec un peu d'eau. Les deux volets de la soupape sont réunis à la traverse qui supporte le chevalet par quatre charnières et ils s'ouvrent de dehors en dedans par la traction de la corde verticale aboutissant dans la nacelle.

Ce système a été perfectionné dans le cours de ces dernières années notament par Henri Giffard, Yon et Hervé qui ont remplacé le cataplasme de suif par un joint en caoutchouc, et les élastiques par des ressorts en acier. On cite particulièrement, comme de véritables merveilles, les soupapes des ballons captifs de Giffard, de 1869 et 1878.

Les soupapes automatiques d'appendice sont de première utilité et tous les ballons *sérieux* en devraient être pourvus.

III. NACELLE. — En 1783, et jusqu'au commencement du XIXᵉ siècle, les aéronautes appelèrent *bateau* ou *gondole* le char d'osier dans lequel ils prenaient place pour accomplir leurs ascensions. Depuis, le nom a changé, et la nacelle est devenue moins luxueuse, moins ornementée. C'est tout simplement, pour les ballons ordinaires, un panier en osier, avec un fond en planches minces, renforcé à la base, au milieu et à la main-courante, par des bourrelets en rotin. Les cordages qui la rattachent au cercle d'amarrage sont logés dans son épaisseur, tressés avec l'osier, et ils traversent les barres du plancher. Ces cordages sont terminés par des boucles formées par la corde épissée, lesquelles boucles étant destinées à donner passage aux olives en bois ou *gabillots* du cercle.

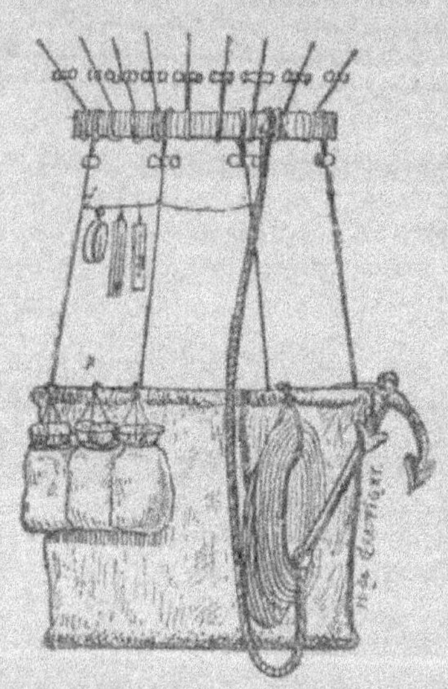

Fig. 8. — Nacelle équipée.

Dans les ballons de grand volume, la nacelle doit être d'une grande solidité et faite avec des matériaux de première qualité. Souvent on en change la forme. La nacelle du ballon *le Géant*, construit sous les ordres de Nadar en 1863, était une véritable maison d'osier surmontée d'une main-courante. Les voyageurs prenaient place sur la plate-forme supérieure. Les nacelles des ballons captifs d'Henri Giffard étaient de forme cylindrique et pouvaient contenir de trente à soixante passagers. Enfin les nacelles de parachutes sont de véritables corbeilles cylindriques en jonc et en osier.

La nacelle est rattachée au filet par l'intermédiaire du cercle qui, ainsi que son nom l'indique, est un simple cerceau en bois rigide et d'une solidité à toute épreuve, car c'est la partie qui fatigue le plus dans les descentes. Ce cerceau porte les trente-deux cordes munies de gabillots auxquelles on rattache les cordelles de suspension du filet, et les huit inférieures auxquelles se fixent les cordes de la nacelle. C'est au cercle qu'on amarre les engins d'arrêt.

IV. Engins d'arrêt. — Les engins d'arrêt sont l'*ancre*, le *grappin* et le *guide-rope* pour les ascensions terrestres ; le *cône-ancre* et le *frein aéronautique à clapet délesteur*, pour les ascensions maritimes.

Chacun de ces engins a sa raison d'être et son emploi dans des cas fort différents. Ainsi l'ancre ordinaire peut servir en plaine, par un vent modéré, tandis que le grappin est surtout utile pour les descentes dans les bois et quand la vitesse du vent dépasse quinze mètres par seconde.

L'ancre aérostatique est plus évasée que l'ancre

maritime. Elle est rattachée au cercle par une corde de quarante à soixante mètres de long. Elle possède une traverse horizontale, placée en croix avec les pattes et qui a pour but de forcer les griffes à pénétrer dans le sol, ce qui arrive assez rarement, il faut bien le dire.

M. Yon que nous citons textuellement, car c'est un maître, dit ceci :

« Je me suis aperçu que dans la plupart des cas, le grappin ordinaire n'avait véritablement d'action que dans les branchages, arbustes, etc. ; mais qu'en plaine et sous l'effet d'un traînage violent, il ne pouvait que ralentir la vitesse par sa friction sur le sol, sans faire prise en s'ancrant profondément et d'une façon définitive ; l'ancre à deux branches, avec jas en bois est elle-même susceptible de se renverser par côté, elle travaille alors obliquement d'une façon anormale en fatiguant la traverse de bois qui peut arriver à se rompre et à compromettre la sûreté du capitaine de bord et de ses passagers.

« Ces différents inconvénients m'ont conduit à construire un type spécial empruntant aux deux premiers leurs qualités, ce qui, réuni dans un seul organe homogène, permet de considérer cette pièce comme composée de deux ancres ordinaires dont les pattes d'arrêt sont toujours forcément et moralement à tout instant en travail ; puis de conserver à l'ensemble par côté toutes les ressources que présente le grappin le mieux compris et enfin de supprimer la pièce de sapin, qui n'a plus sa raison d'être avec ce nouvel engin d'atterrissage ; son poids pour les efforts qu'il a à subir, calculé sciemment en rapport de la puissance de l'aérostat qui est appelé à le porter, est un peu supérieur à ses devanciers, mais j'admets avec la pratique que son effet est plus que doublé sur la terre ferme, et probablement triplé dans une descente en plein bois, seul emplacement qu'il est sage de choisir pour s'arrêter quand la vitesse du vent dépasse un maximum de quinze mètres par seconde. »

L'ancre à six branches que décrit M. Yon a été par singulière coïncidence inventée en même temps par lui et par une autre personne : le directeur du laboratoire aéronautique de Pithiviers. Son emploi commence à se répandre, mais nous persistons quand même à lui préférer l'antique grappin à quatre branches qui nous a personnellement rendu de très grands services.

Le *guide-rope* qui fait partie de tout matériel aérostatique bien compris, est une grosse corde rugueuse qui, par son frottement sur le sol, fait office de frein et prépare le jeu de l'ancre et du grappin. M. Giffard avait imaginé le guide-rope à frotteurs, dont l'effet était très énergique, mais qui n'a été, croyons-nous, que fort peu utilisé en pratique.

Pour les ascensions maritimes, et dans le but de maintenir l'aérostat captif à la surface de la mer, on se sert du *cône-ancre*, vaste sac conique en toile, dont la capacité est en rapport avec le cube du ballon, et qui, s'emplissant d'eau, empêche la dérive sous le vent. Cet appareil, imaginé par l'aéronaute anglais Green, inventeur du *guide-rope*, a été perfectionné, notamment par Sivel et par Yon, qui le munit d'un clapet délesteur qu'on peut manœuvrer de la nacelle. Duruof préfère la *voile sous-marine* dont il s'est servi avec succès. Enfin, ces temps derniers, M. Hervé a fait connaître divers appareils pour l'aérostation maritime, mais qu'il serait bon d'essayer à plusieurs reprises pour bien juger de leur valeur [1].

[1] Les appareils imaginés par M. Hervé sont les suivants :

1º Un *équilibreur automatique*, composé d'un flotteur métallique fusiforme maintenu à l'extrémité d'une corde fixée au gréement de l'aérostat. Le poids de cet organe correspond au poids du lest qui pourrait être enlevé dans les conditions ordinaires. Il est calculé de manière à corriger pendant un laps de temps déterminé toutes les tendances ascensionnelles ou descensionnelles dues aux phénomènes de dilatation barométrique et thermométrique, pluie, faites par l'enveloppe, etc. Ce flotteur est donc plus ou moins immergé suivant l'intensité positive ou négative des actions météorologiques auxquelles est soumis l'aérostat, mais celui-ci ne peut en aucun cas être entraîné vers les hautes régions, et sa chute ne saurait plus être déterminée que par des fuites accidentelles de l'enveloppe si le voyage devait être prolongé au delà des limites maximum prévues.

2º Un *plan de déviation et d'arrêt* ou déviateur équilibré. Cet appareil

Pour la résistance à la traction de toute la corderie d'un aérostat on peut tabler sur les renseignements suivants :

Les petites cordes molles (fouet à l'envers) dont est formé le réseau de mailles, ainsi que les petites et grandes pattes-d'oie se fabriquent en brin de chanvre d'Italie, et ont pour coefficient de résistance quatorze mille fois le poids de leur mètre à la rupture ; les cordeaux de suspension, dont la torsion est double, puisqu'ils sont confectionnés avec des torons déjà tordus, puis recâblés entre eux, n'ont plus, pour coefficient, que douze mille fois le poids de leur mètre à la rupture.

est formé d'une surface rigide plane ou bi-concave de forme allongée. Ce plan est maintenu à une distance constante au-dessous de la surface de l'eau et perpendiculairement à celui-ci au moyen d'un flotteur allongé parallèle au plan et situé un peu au-dessus de ce dernier. Le flotteur forme ainsi la base supérieure d'un triangle équilatéral dont les deux côtés sont constitués par deux tiges métalliques portant le plan déviateur à proximité de la base et convergeant en un sommet inférieur auquel est fixée une masse métallique destinée à maintenir le système dans la verticale.

Deux cordes fixées aux extrémités horizontales du déviateur montent jusqu'à la nacelle, où elles se réunissent sur la circonférence d'une poulie dont l'aéronaute commande le mouvement de rotation à l'aide d'une vis tangente.

Les tractions sont de la sorte équilibrées et se répartissent uniformément sur les cordes.

Les points d'attache de celles-ci sur le plan se trouvent légèrement en dessous de la ligne des centres de résistance ; cette disposition empêche l'émersion du déviateur lors de l'arrêt, en lui donnant une

Enfin les cordages de la nacelle, dont le diamètre est beaucoup plus fort, et le câblage plus puissant, n'atteignent plus, comme coefficient de résistance, que dix mille fois le poids du mètre sans rupture.

Tout le filet doit être passé à une préparation hydrofuge appelée à le rendre imputrescible et à atténuer les variations de longueur que subissent les cordes non préparées, sous l'action de l'eau et du soleil; il existe plusieurs manières de procéder, mais on recommande les deux suivantes:

1° Pour les petites cordes molles, qui ne dépassent pas 0ᵐ,010 de diamètre, faire tremper dans une

légère inclinaison qui tend à l'immerger davantage, et constitue, en ajoutant son action à celle de la masse métallique inférieure et du flotteur du plan, un véritable régulateur d'immersion.

La corde de l'équilibreur est plus courte d'un tiers environ que celle du déviateur, afin que la traction conserve une obliquité suffisante.

Ainsi, le ballon flottant toujours à la même hauteur, grâce à son équilibreur automatique, qui doit même, à la fin du voyage et quelles que soient les circonstances atmosphériques, lui conserver un excédent de force ascensionnelle, peut: 1° suivre la ligne du vent en laissant la déviation dans la direction de cette ligne; 2° s'en écarter en inclinant le plan; 3° s'arrêter en lui donnant une position perpendiculaire à la ligne du vent. La vitesse de translation de l'aérostat sera en raison inverse de la déviation. L'arrêt se produira donc pour un angle de 90°, mais il sera nécessaire, par un grand vent, de courir des bordées en laissant dériver, et cela d'autant plus que les tissus de l'aérostat seront moins résistants.

Les ascensions aérostatiques maritimes pourront donc, à l'avenir, atteindre une durée de plusieurs jours, tout en offrant à l'expérimentateur une sécurité suffisante, et lui permettront ainsi d'arracher aux solitudes de l'Océan aérien quelques-uns de leurs secrets.

chaudière (où l'on aura fait bouillir préalablement, et jusqu'à parfait mélange, une proportion de 5 kilogrammes de cachou par 100 litres d'eau), puis laisser ainsi submerger pendant quatre à cinq jours avant de faire sécher; on peut agir de même en plongeant le filet entièrement fini dans un tonneau défoncé par le haut, que l'on remplira jusqu'à immersion et en plusieurs fois, avec le mélange préparé *ad hoc* dans un récipient quelconque; le poids additionnel que prennent les cordes soumises à cette préparation est de 10 pour 100 au maximum, en plus de leur poids primitif, et la perte de résistance qu'elle subissent sous action, ressort par environ 5 pour 100 de la rupture franche trouvée avant la préparation.

2° Pour les cordeaux depuis $0^m,010$ de diamètre et pour les cordages, chaque fil doit être passé pendant le halage dans un récipient contenant du suif et du goudron de Norvège mélangés à parties égales, chauffés et maintenus à environ 50° C.; le poids supplémentaire qui résulte de cette préparation est, au minimum, de 20 pour 100 de celui du textile, et la perte de résistance relevée est d'environ 30 pour 100 de la rupture du même cordeau non préparé; il y a donc avantage à employer le cachou pour toutes les cordes ne dépassant par $0^m,010$ de diamètre.

Tels sont les principaux principes de l'art de l'ingénieur-aéronaute, que nous ne devions pas passer sous silence, surtout dans un livre comme celui-ci. Il est non seulement intéressant de savoir comment on construit un ballon, mais il est indispensable de connaître ces détails, avant d'entrer de plain-pied dans l'immense champ d'étude des machines aériennes ayant pour but de conquérir l'espace et l'immensité.

CHAPITRE VI

GONFLEMENT ET CONDUITE DES AÉROSTATS

Le ballon, une fois terminé et gréé, est prêt à prendre l'air ; il ne reste plus qu'à lui donner la puissance nécessaire pour s'élever à travers les diverses couches atmosphériques, en un mot, à le remplir d'un gaz plus léger que l'air ambiant.

Nous avons vu qu'au début de l'aérostation les procédés de gonflement étaient des plus rudimentaires et consistaient simplement à raréfier l'air contenu dans l'enveloppe, à l'aide d'un foyer de paille ou de menus branchages. On a calculé que, lorsque l'air de la montgolfière (c'est le nom spécialement affecté à ces ballons à feu) était échauffé à une température de 100°, la force ascensionnelle obtenue était de 250 à 300 grammes par mètre cube d'air déplacé.

C'est donc fort peu, et il faut avoir des aérostats de taille gigantesque lorsqu'on veut enlever des voyageurs par ce moyen.

Cependant, les ballons à feu ont été longtemps en faveur, sans doute à cause du peu de frais que nécessite leur remplissage. Au début, le fourneau fut placé au milieu de l'ouverture inférieure du ballon et au centre de la galerie où se tenaient les voyageurs. Le ballon qui fut construit en 1784 à Turin par Andreani et les frères Gerli, possédait une nacelle ronde, et on avait accès au fourneau à l'aide d'une échelle pénétrant dans l'orifice de l'aérostat.

Actuellement, on met en pratique deux procédés différents. Ou bien on fait un grand feu à l'intérieur de la montgolfière qu'on laisse partir quand l'air qu'elle contient est bien échauffé, ou bien on dispose sous l'ouverture du ballon une lampe à essence, à esprit-de-vin ou à pétrole qui maintient pendant un certain temps la température de l'air intérieur, et on accomplit ainsi le voyage en emportant le foyer réchauffeur.

Mais, il faut bien le dire, les montgolfières ont bien perdu de leur ancienne vogue. Ce mode d'ascension, barbare et rudimentaire, tend de plus en plus à disparaître; et depuis que les moindres bourgades sont éclairées au gaz hydrogène bicarboné, on gonfle tous les ballons au gaz d'éclairage. Dans ce cas, il suffit de déterrer la conduite en rapport avec le gazomètre de l'usine, et la mettre en rapport avec l'appendice du ballon à remplir, au moyen d'un tube adducteur en toile vernissée. Suivant que le gaz est produit par la distillation d'une qualité de houille ou d'une autre, et selon que son épuration est plus ou moins parfaite, sa force ascensionnelle est augmentée ou diminuée. En général, l'hydrogène riche en hydrocarbures est excellent pour l'éclairage et mauvais pour le gonflement des ballons. Les gaz d'éclairage qui donnent en brûlant une flamme pâle et peu lumineuse sont les meilleurs pour l'aérostation, car ce sont ceux que l'épuration a allégés de leurs hydrocarbures, et qui donnent par conséquent des forces ascensionnelles supérieures. En somme 1 mètre cube de gaz d'éclairage peut soulever un poids de 500 à 725 grammes.

Le gaz hydrogène pur étant, de tous les gaz, le plus léger (quatorze fois moins dense que l'air), et donnant, par mètre cube, de 1000 à 1200 grammes de puissance ascensionnelle, c'est celui qui convient le mieux en aérostation, toutes les fois surtout que l'on veut tenter un voyage sérieux et qu'on ne recherche pas l'économie. Il y a plusieurs moyens de l'obtenir, mais tous ces moyens se rapportent en réalité à un seul, la décomposition de l'eau, qui contient 1/9 de son poids d'hydrogène. Suivant que l'on emploie l'eau liquide ou la vapeur d'eau, la production de l'hydrogène est dite par *voie humide* ou par *voie sèche*. Nous étudierons les meilleurs dispositifs imaginés dans chaque méthode.

Appareil à tonneaux. — Ce dispositif, le plus rudimentaire, est celui qui fut inventé par Charles en 1783 pour le gonflement du premier ballon à gaz. Il se compose d'une série de tonneaux ordinaires, en bois (de 6 à 80), que l'on remplit de rognures de zinc ou de morceaux de ferraille, et d'eau, jusqu'à la moitié de leur hauteur. Ensuite, par un trou disposé à cet effet dans la paroi supérieure, on verse de l'acide sulfurique du commerce. L'eau est décomposée, à ce contact, en ses deux éléments constitutifs, hydrogène et oxygène. Le métal s'unit à l'oxygène pour former un sulfate (de fer ou de zinc) et l'hydrogène est mis en liberté. On le lave et on le débarrasse des produits sulfurés qu'il entraîne avec lui, en le faisant barboter dans une cuve pleine d'eau, on le sèche sur du chlorure de calcium ou de la ponce sulfurique et on le conduit au ballon par l'intermédiaire d'une conduite. Il faut 3 kilogrammes de fer ou de zinc, 4^{kg},500 d'acide à 66° Baumé et 2 kilogrammes d'eau pour obtenir 1 mètre cube d'hydrogène par ce procédé.

Appareil automobile Égasse. — Inventé par un chimiste parisien, ce dispositif présente l'avantage de pouvoir être transporté facilement à toute distance. Il se compose de douze bouilleurs, en tôle plombée intérieurement et montés sur un camion ordinaire. Ces bouilleurs sont cylindriques et recouverts d'une calotte en cuivre plombée; ils sont en communication par leur leur partie supérieure avec un laveur-épurateur en forme de caisse, et avec une rampe par leur partie inférieure. On les remplit à moitié d'eau et de morceaux de zinc, puis à l'aide d'une pompe à main on amorce des siphons en relation avec les touries contenant l'acide chlorhydrique servant à la réaction. Le gaz produit est recueilli à sa sortie du laveur-épurateur et dirigé vers l'aérostat. Puis, la charge terminée, on ouvre les robinets de la rampe et on recueille le chlorure de zinc, résidu qui, traité par une dernière opération, donne un désinfectant d'une grande valeur et d'une grande énergie. La production de l'appareil Égasse est de plus de 100 mètres cubes à l'heure, tant que la charge n'est pas terminée.

Appareils à production continue. — Les plus beaux spécimens de ces appareils sont ceux qui furent construits par Giffard pour le gonflement de ses ballons captifs de 1867 et de 1878. Ce dernier, particulièrement, était une merveille. Par suite de la réaction continue de l'acide sur la tournure de fer, il pouvait produire jusqu'à 2000 mètres cubes d'hydrogène pur à l'heure. M. Gaston Tissandier a fait aussi construire, dans le terrain de son usine aéronautique de l'avenue de Versailles, un appareil à gaz composé de quatre colonnes en terre réfractaire où se produit la réaction chimique d'où résulte l'hydrogène. Cet appareil produit plusieurs centaines de mètres cubes de gaz à l'heure et ce, d'une façon continue, tant qu'on ajoute de la tournure de fer et de l'acide.

Appareil à hydrogène, par la voie sèche, de Coudelle et Conté [1]. — Lavoisier étant parvenu, en 1771, à

[1] Les premiers essais de remplissage d'un ballon avaient été faits à Meudon, sous les auspices du physicien Conté et du représentant Guyton de Morveau. Ils étaient parvenus à dégager le gaz hydrogène de l'oxygène, par la décomposition de l'eau sur le fer rougi à blanc, mode qu'on avait préféré à l'emploi de l'acide sulfurique, comme moins coûteux ; pour arriver à ce résultat, voici comment on opérait.

« Nous construisions, dit Coutelle, sur le lieu même, un grand fourneau à réverbère garni de deux cheminées à chaque bout ; ce fourneau, en briques, solidement établi, on y plaçait sept tubes de fonte venant du Creuzot, que l'on emplissait préalablement de limaille et de tournure de fer vannée et purgée de rouille, comme on vanne du grain, manipulation qui, pour le dire en passant, était une de nos plus pénibles corvées ; puis ces tubes remplis et lutés aux deux bouts étaient placés dans le fourneau par quatre dessous et trois au-dessus, clos et mastiqués par d'autres briques, de manière à ce qu'il ne restât que deux ou trois regards, afin de surveiller l'incandescence ; d'un côté du fourneau se plaçait une cuve longue et élevée, pour fournir l'eau à chaque tube par de petits tuyaux adaptés à la cuve ; de l'autre côté se trouvait une autre grande cuve carrée remplie d'eau saturée de chaux, dans laquelle le gaz devait s'échapper pour s'y purger de son carbone ; ces préparatifs terminés, on faisait dans chacune des cheminées un grand feu de menu

préparer l'hydrogène par la décomposition de la vapeur d'eau au contact du fer rouge, les aérostiers militaires envoyés par le Comité de salut public, à l'armée de Sambre-et-Meuse, construisirent à Maubeuge un appareil, basé sur les principes de Lavoisier, et de taille suffisante pour produire rapidement la quantité d'hydrogène nécessaire au remplissage du ballon *l'Entreprenant*.

L'appareil de Coutelle et Conté pouvait produire une quinzaine de mètres cubes de gaz à l'heure; son principal avantage résidait dans l'économie qu'il présentait, car la fourniture de 4 à 500 mètres cubes ne coûtait que le prix du charbon employé pour la réduction de l'eau en vapeur et le chauffage du fer.

Appareil Giffard. — M. Giffard a imaginé, il y a une vingtaine d'années, un appareil à gaz hydrogène pur, basé sur un nouveau principe, et qui mérite la peine d'être décrit. C'est un haut fourneau en briques réfractaires, presque totalement rempli de minerai de fer. On fait arriver à travers ce minerai un courant

bois, qui y était entretenu jusqu'à ce que les tubes de fonte fussent rougis à blanc; l'eau, descendant de la cuve supérieure dans chacun des tubes ainsi rougis, y déposait sa portion d'oxygène, tandis que l'hydrogène passait dans la cuve supérieure, et, s'y purgeant du carbone, se rendait par son excès de légèreté dans un tuyau de caoutchouc qui l'introduisait dans le globe aérostatique, se gonflant à mesure qu'il se remplissait.

d'oxyde de carbone produit par la combustion d'une masse de coke dans un poêle spécial. Le minerai, sous l'influence de l'oxyde de carbone, se transforme en fer métallique. A ce moment, on ferme le tuyau qui amène l'oxyde et on fait passer sur le fer un courant de vapeur d'eau qui se décompose à son contact. L'hydrogène s'échappe par un long tuyau où il se refroidit, tandis que le fer revient à l'état d'oxyde magnétique. On répète alors la première opération et on recommence aussi souvent qu'il est nécessaire ces deux manipulations pour obtenir la quantité de gaz dont on a besoin.

Le gaz à l'eau. Systèmes divers. — En 1850, Selligue produisait le gaz d'éclairage à son usine des Batignolles, en décomposant la vapeur d'eau dans une cornue de charbon de bois. Ce gaz, qui était de l'hydrogène pur, était ensuite carburé, afin de rendre sa flamme éclairante. Mais ce système était fort peu économique ; aussi, un chimiste, M. Gillard, essaya-t-il de construire un appareil plus pratique, et il y parvint. Mais le gaz qu'il obtint était très chargé d'oxyde de carbone qui est un poison toxique au plus haut degré, et les fuites pouvaient présenter des dangers mortels. Le système de M. Gillard n'eut donc qu'un succès médiocre.

De nos jours, l'étude du gaz à l'eau et la production de l'hydrogène par la voie sèche, ont été reprises notamment en France par MM. Imbert et Henry, et en Amérique par Demson frères. C'est par le contact de la vapeur d'eau chauffée jusqu'à son point de dissociation, avec du coke incandescent, que MM. Imbert et Henry obtiennent l'hydrogène (mélangé d'une petite quantité d'oxyde de carbone) et ils prétendent qu'une tonne de coke rend 3200 mètres cubes d'hydrogène qu'on peut ensuite carburer pour les besoin de l'éclairage. Ce procédé n'a pas encore été installé aussi grandement en France qu'aux États-Unis, où il existe plusieurs villes éclairées par des usines où le gaz est obtenu par une méthode analogue.

Il ne nous reste à mentionner pour terminer et être complet, que la fabrication de l'hydrogène par la décomposion électrolytique de l'eau, et son extraction de produits chimiques divers comme l'ammoniaque ou le formiate de potasse. Mais hâtons-nous de dire que ces procédés sont restés dans les limbes de la théorie, car ils seraient fort peu économiques en grand. Voici d'ailleurs le prix de revient de 1 mètre cube de gaz hydrogène pur obtenu par les diverses méthodes que nous avons énumérées :

PAR LA VOIE HUMIDE

Zinc et acide sulfurique.	$1^{fr},80$
Zinc et acide chlorhydrique (Égasse).	$1^{fr},20$
Fer et acide sulfurique (Giffard). .	$0^{fr},95$

PAR LA VOIE SÈCHE

Procédé Lavoisier.	$0^{fr},10$
Système Giffard.	$0^{fr},05$
Imbert et Henri.	de $0^{fr},03$ à $0^{fr},01$

Il est donc facile de choisir, suivant les circonstances, telle ou telle méthode qui semble préférable, en ayant soin de donner des dimensions suffisantes à l'appareil générateur, pour produire, dans l'espace de temps le plus court possible, le gaz nécessaire au gonflement de l'aérostat.

Autrefois, quand on gonflait un ballon, on le suspendait à une corde tendue entre deux mâts : aujourd'hui les mâts ne sont plus nécessaires et on étend simplement l'enveloppe aérostatique sur le sol. On emploie concuremment deux méthodes de gonflement, la première dite *en épervier*, la seconde dite *en baleine*.

Dans la première disposition (fig. 9) on étale le ballon sur une bâche, de manière à ce que la soupape soit au centre et que l'équateur forme un cercle parfait. On place ensuite le filet dont on égalise le déploiement, puis on fixe le tuyau de gonflement à l'appendice en ayant grand soin de ne laisser aucun vide (on lie ordinairement le cylindre d'appendice et le tuyau en toile sur un cylindre en fer-blanc ou un

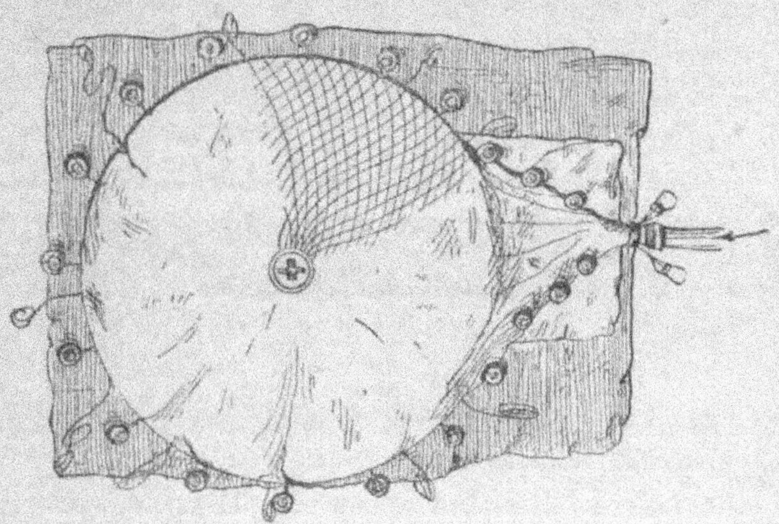

Fig. 9. — Ballon étalé sur ses bâches pour le gonflement en épervier.
(Une partie seulement du filet a été figurée.)

tambour en bois). Quand le ballon commence à se soulever, on garnit l'équateur de sacs de sable que l'on descend au fur et à mesure.

Dans le gonflement *en baleine* (fig. 10), le ballon plié par fuseaux est simplement ouvert en deux et recouvert en dessus de son filet. On place au début des sacs de lest tout le long des bords du ballon de façon que la partie supérieure seule s'emplisse de gaz. Quand cette partie est gonflée, on recule les sacs jusqu'à ce que le ballon soit à moitié plein. Alors on égalise la traction du filet, on accroche les sacs de lest aux mailles et on les descend à mesure que, la force ascensionnelle devenant plus considérable, le ballon les soulève de terre.

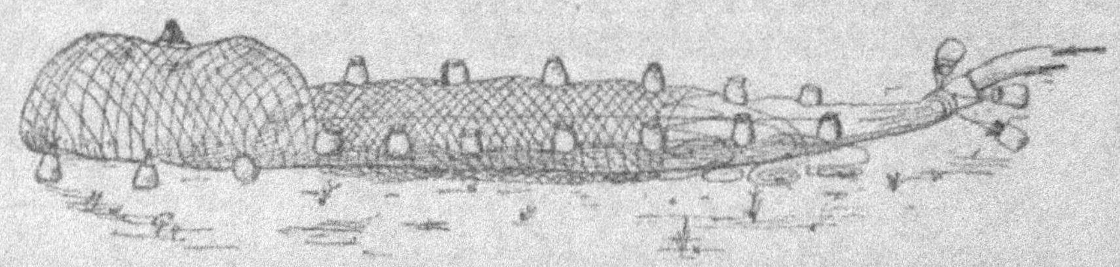

Fig. 10. — Gonflement en baleine.
Ballon étalé et garni de ses sacs de lest.

De toute façon, qu'on ait procédé suivant l'une ou l'autre méthode (chacune d'elles a ses avantage et ses inconvénients), il arrive un moment où, le gonflement tirant à sa fin, les sacs se trouvent aux dernières mailles du filet, à l'endroit où les cordelles de suspension s'attachent, aux *pattes-d'oie*, en un mot. C'est à ce moment que l'on fixe le cercle au filet à l'aide des gabillots et des boucles, puis que l'on attache la nacelle par le même système. Cette opération accomplie, les sacs sont décrochés des mailles du filet et placés, les crochets simplement à cheval sur les cordes de suspension. Par sa puissance ascensionnelle le ballon se redresse, les sacs glissent en avançant et arrivent près du cercle. Les aides les enlèvent, les entassent dans la nacelle et, l'aérostat dégagé, se redresse entièrement. Il ne reste plus qu'à faire l'*équilibrage* ou *pesage*.

Pour cela, les passagers et l'aéronaute-conducteur prennent place dans la nacelle et on arrime les engins d'arrêt au cercle. Les instruments sont accrochés aux cordelles de la nacelle et les bagages attachés aux bordages. L'aéronaute monte sur le cercle et détache le tuyau de gonflement; l'appendice reste ouvert. Cette dernière manœuvre terminée, les aides abandonnent le ballon à lui-même. S'il n'a pas la force de s'enlever on le débarrasse d'autant de sacs de sable qu'il est nécessaire, jusqu'à ce qu'on le sente disposé à s'envoler. Lorsqu'il y a des obstacles à franchir, on amène l'aérostat le plus loin qu'il est possible et, au commandement de l'aéronaute, on l'abandonne à lui-même. Enfin, si le vent est violent, on laisse une rupture d'équilibre considérable et on laisse le ballon s'élever captif à une hauteur supérieure à celle des obstacles à franchir. Ceux-ci dépassés, l'aéronaute où les manœuvriers larguent le double du câble et, définitivement délivrée, la bulle de gaz prend possession de son domaine azuré.

En l'air, l'aéronaute conducteur ne doit pas abandonner son coursier à lui-même : bien au contraire, il ne faut pas qu'il le perde un instant de vue, et que les variations atmosphériques lui soient indifférentes. Un bon aéronaute, vraiment digne de ce nom, doit être météorologiste et ne pas quitter ses instruments des yeux. Malheureusement, il faut bien l'avouer, ces aéronautes sont rares, et tous ceux que nous voyons ascensionner dans les fêtes conduisent leur ballon par routine, jetant du lest à la descente et ouvrant la soupape pour empêcher les trop hautes ascensions. Nous citerons seulement parmi les quelques aéronautes sérieux, que nous connaissons, Tissandier, Hervé, Duruof, Yon en France, Coxwell en Angleterre, Silberer en Autriche, et John Wise en Amérique. Les autres déconsidèrent la science au lieu de la faire progresser.

Cependant, trêve de récriminations, on fait ce qu'on peut, constatons simplement que l'aérostation est lamentablement représentée par des ignorants orgueilleux (de bien peu de chose en somme), et disons ce que le bon aéronaute doit faire, une fois qu'il s'est élancé vers l'empyrée.

Tout étant rangé dans la nacelle, l'aéronaute doit chercher à maintenir l'équilibre de l'aérostat de la façon la plus stable qu'il le peut, et à suivre une route d'une horizontalité parfaite, s'il veut surtout se soutenir quelques temps dans les airs. Pour cela, il faut qu'il ait constamment l'œil au baromètre, au thermomètre et à l'hygromètre[1], évitant autant que possible les condensations et les dilatations qui vident en peu de temps un ballon de son gaz. Le lest doit être employé avec la plus rigoureuse parcimonie, surtout aux altitudes élevées, et la soupape ouverte seulement dans les cas de contrainte absolue. C'est même pourquoi on a imaginé des soupapes doubles et concentriques, une plus petite que l'autre, ne servant qu'en l'air, tandis que la grande sert pour l'atterrissage définitif.

Aucun incident ne doit échapper à l'œil sagace de l'aéronaute vigilant; d'ailleurs il doit avoir sans cesse présent à l'esprit l'idée du danger qu'il court en cas de fausse manœuvre, et la pensée qu'il peut faire, au cours de son excursion aérienne, des observations curieuses et utiles à la science. Il doit donc inscrire à intervalles réguliers, sur son livre de bord, et les lectures des instruments et les phénomènes dont il peut être témoin : formation de la neige, de la glace, du givre, de la grêle, auréoles, halos et arcs-en-ciel,

---

[1] Voyez G. Dallet, *La Prévision du temps et les prédictions météorologiques*, Paris, 1887, 1 vol. in-16 (*Bibliothèque scientifique contemporaine*).

production de nuages et leur dissémination, phénomènes électriques et optiques, etc. Il y a beaucoup à
faire, à observer, à travailler dans toutes les ascen-

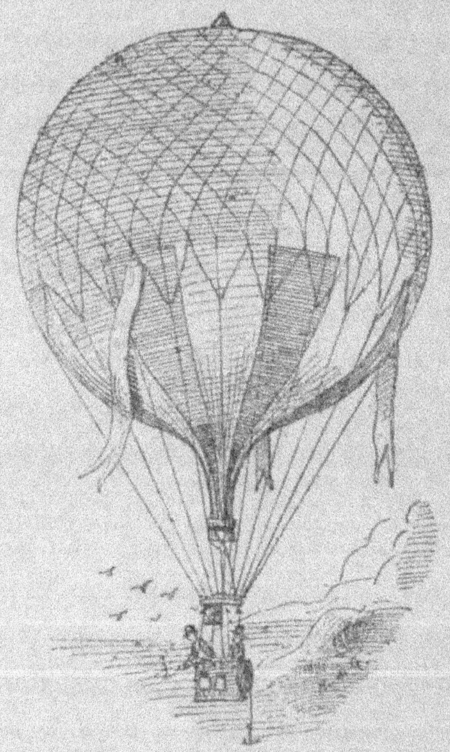

Fig. 11. — Dans l'espace.

sions aérostatiques, et le grand tort des aéronautes
de carton de la période actuelle est surtout de rester les bras croisés même devant les plus grandioses
spectacles de la nature.

Les précautions à prendre lorsqu'on veut atteindre de grandes altitudes sont encore plus nombreuses; il faut éviter avant tout l'ascension trop rapide qui cause des bourdonnements d'oreilles, des émissions de sang par le nez et les oreilles, et enfin l'asphyxie qui peut se produire, soit par le gaz du ballon quand il contient une forte proportion d'hydrocarbures et d'oxyde de carbone, et que la dilatation le chasse jusque dans la nacelle, soit par l'exploration des régions où l'air raréfié ne suffit plus au jeu des poumons et ne contient plus une quantité suffisante d'oxygène, ce gaz vital par excellence, et qui seul, peut entretenir la combustion animale.

Le moment fixé pour la descente arrivé, accélérer le mouvement de progression de l'aérostat vers les couches inférieures en ouvrant à plusieurs reprises et rapidement la soupape supérieure. A ce moment filer le guide-rope, l'ancre ou le grappin par-dessus bord, puis ranger dans un panier que l'on accroche solidement au cercle, tous les objets fragiles. Choisir à l'avance et dans la direction suivie par le ballon, la plaine ou le bois où l'on veut atterrir.

Si le ballon est pour toucher terre en avant de l'endroit choisi, jeter un peu du lest gardé en réserve et enrayer ainsi la descente. Le point d'atterrissage atteint, ouvrir la soupape jusqu'à ce que l'ancre et le guide-rope traînent à terre et que la nacelle ne soit plus qu'à 5 ou 6 mètres du sol. Fermer la soupape et attendre. Si un obstacle, arbre ou maison, se présente, jeter un peu de lest pour l'éviter. Lorsque l'ancre a mordu, on peut ouvrir la soupape en grand, de manière à dégonfler rapidement le ballon. Mais tant que la nacelle n'est pas solidement maintenue, ne pas en sortir, à moins que le ballon se soit dégonflé en majeure partie.

Il est arrivé assez souvent qu'à l'issue d'ascensions se présentant sous de bons auspices, la descente s'est trouvée difficile et qu'un traînage épouvantable s'en est suivi, blessant grièvement les passagers. C'est par de semblables catastrophes que se sont terminés les voyages du *Géant* (1863), de *la Ville de Roubaix* (1880), du *Gabriel* (1880), du *Mozart*, du *Gabizos*, etc., etc., pour ne citer que les voyages modernes encore présents à l'esprit de tous. Mais presque toujours ces accidents sont survenus par la faute des aéronautes, n'ayant pas de lest à leur disposition et tombant en pleines rafales, ou bien brisant leurs engins d'arrêt, ou perdant la corde de la soupape au moment critique, ou descendant la nuit malgré les bourrasques. Pour nous personnellement, nous prétendons que les traînages sont des accidents incompatibles avec les ascensions sérieuses et qu'il est im-

Fig. 12. — La descente. (Extrait des *Récits d'un aéronaute*.)

possible de voir se produire quand on a du sang-froid et qu'on se trouve dans les conditions de sécurité où tous les ballons devraient partir, avec des engins d'arrêt bien combinés, d'une résistance calculée, et avec le lest suffisant[1].

[1] A l'heure actuelle, nous avons accompli, dans un but exclusivement scientifique, les dix-huit ascensions suivantes :

Romorantin, 14 juillet 1880, avec ballon de 550 mètres. Parti seul. Altitude maximum, 2000 mètres. Parcours, 55 kilomètres. Descente près de Châteauneuf, après violent traînage.

Paris, 4 janvier 1881, avec ballon de 180 mètres gonflé à l'hydrogène pur. Altitude maximum, 3800 mètres. Parcours, 100 kilomètres en quatre-vingts minutes. Descente la nuit à Rosoy.

Paris, 2 septembre 1881, avec le même aérostat. Altitude, 2500 mètres. Descente près de Rouen après 4 heures de voyage; 145 kilomètres de parcours.

Nogent (Haute-Marne), 14 juillet 1882, avec ballon de 300 mètres. Asphyxie par le gaz et déchirure du ballon au moment du départ.

Brive, 12 septembre 1882, avec ballon de 400 mètres. Mangin, aéronaute conducteur. Ballon crevé au départ.

Fougères, 27 septembre 1882, avec le même ballon. Parti seul. Faux atterrissage et réascension à 1200 mètres de haut. Descente à Mont-Romain, à 18 kilomètres.

Caen, 3 juin 1883, avec le même ballon. Mangin, aéronaute. Altitude maximum, 1300 mètres. Atterrissage près de Saint-Lô, à 80 kilomètres et pendant un violent orage.

Caen, 3 juin 1883, avec le même ballon. Parti seul pour course aérienne. Altitude, 2200 mètres. Descente à Colleville-sur-Orne.

Caen, 19 juillet 1883, le même ballon. Avec un voyageur. Altitude maximum, 2000 mètres. Descente à Bieville-en-Auge à 48 kilomètres de Caen. Ballon éventré par le vent à l'atterrissage.

Coutances, 14 juillet 1883. Le même ballon. Mangin, aéronaute. Ballon crevé sur le clocher de la cathédrale. Chute de 700 mètres, à 4 kilomètres de Coutances.

Lisieux, 22 août 1883. Ballon de 1000 mètres. Avec un aéronaute, un

Une fois l'aérostat ancré et amarré solidement au sol, on le couche, puis, enlevant le chevalet et les ressorts de la soupape, on laisse les clapets grands ouverts jusqu'à ce que tout le gaz se soit échappé. Une fois l'aérostat dégonflé, on le replie soigneusement fuseau par fuseau, on le roule, la soupape en dedans, et on le met dans le fond de la nacelle. Cependant quelques aéronautes plus experts, Duruof par exemple, ploient l'enveloppe d'une façon plus rapide et plus rationnelle. On le dégonfle à moitié *debout*, puis

voyageur et une dame. Descente à 4 kilomètres de Lisieux, après deux heures et demie de voyage. Altitude, maximum, 2300 mètres.

Doulans, 30 octobre 1883. Ballon de 300 mètres. Parti seul. Altitude, maximum, 2000 mètres. Descente à Ovillers, à 45 kilomètres après une heure de voyage.

Paris, 12 mai 1886. Ballon de 700 mètres. Avec Capazza et son aide. Altitude maximum, 2000 mètres. Descente à Mello près de Creil, à 80 kilomètres de Paris, une heure et demie après le départ.

Limoux, 14 juillet 1886. Ballon de 1100 mètres. Parti seul. Altitude, maximum, 5800 mètres. Descente dans les Pyrénées à 90 kilomètres de distance.

Paris, 1er novembre 1886. Ballon de 550 mètres. Avec un voyageur. Descente à Tremblay, puis réascension et atterrissage à Mesnil-Amelot. Hauteur maximum, 1100 mètres; parcours, 30 kilomètres.

Rennes, 26 novembre. Ballon de 500 mètres. Parti seul. Altitude, 2200 mètres; parcours, 40 kilomètres.

Saint-Mandé, 30 mai 1887. Ballon de 450 mètres. Parti seul. Altitude, maximum, 1500 mètres. Descente à Arcueil, après deux heures de séjour en l'air.

Chaumont, 14 juillet 1887. Ballon de 700 mètres. Parti seul. Altitude maximum, 3000 mètres. Descente près de Verdun, à minuit; parcours, 120 kilomètres.

on le couche horizontalement et on le reploie côte par côte, en même temps qu'il finit de se vider de son gaz.

Quoi qu'en disent certaines personnes, désireuses de replier au plus vite leur matériel et de se sauver au chemin de fer, il est préférable d'enlever le filet de dessus le ballon. On l'attache de loin en loin avec de petites ligatures et on le roule dans la nacelle par-dessus la bâche qui contient l'aérostat (car celui-ci doit être mis dans une bâche), son transport en est facilité et l'étoffe ne s'éraille pas contre les parois du panier.

La nacelle qui contient tout le matériel est fermée par le cercle maintenu en place par les cordes de suspension liées étroitement les unes aux autres. Ainsi emballé, le colis ne craint plus aucun accident; il est fort maniable et peut être très facilement transporté et transbordé d'un lieu à un autre, d'une charrette à un wagon.

De retour à son local, le ballon doit être immédiatement déballé, déroulé, étendu et vérifié. Les accrocs sont réparés par de simples coutures que l'on double d'une bande vernie; les trous et les éventrements arrangés à l'aide de grandes pièces que l'on vernisse. Enfin, les réparations terminées, on remplit le ballon d'air atmosphérique pour le ventiler, on le replie, et il est prêt pour une nouvelle ascension.

Un bon ballon, bien construit et gréé, avec des engins d'arrêt d'une solidité en rapport avec sa taille, peut accomplir, s'il est intelligemment dirigé, une moyenne de cinquante ascensions. Il faut le revernir de temps à autre, tout les cinq voyages à peu près, et maintenir tout le matériel en bon état. De cette façon il fera tout le service dont il est susceptible. On cite même des ballons qui ont fait plus de cent ascensions sans être endommagés; tel fut le ballon de 2500 mètres cubes de Green, *le Nassau*.

Ici s'arrête le rôle de l'aéronaute ordinaire, et nous-même nous devons borner ici notre tâche en ce qui concerne la partie historique et pratique de l'aérostation proprement dite. La seconde partie de ce volume, consacrée tout entière à l'étude des machines ayant pour but la conquête de l'air, sera en tout différente, il n'est pas besoin de le dire, de celle-ci. Là, nous ne nous occuperons plus des ballons vulgaires, en forme de pomme ou de poire, traînant une nacelle où des personnages béats écarquillent d'immenses yeux étonnés. Nous entrons dans un nouveau domaine, celui si vaste et si intéressant de la navigation aérienne qui doit nous donner tôt ou tard la conquête du ciel et la fraternité universelle. Cependant, qu'il nous soit permis de faire remarquer, en terminant, que la partie qu'on vient de lire était utile, sinon indispensable dans un livre comme celui-ci. Il est bon de connaître les procédés de l'aérostation ordinaire, il est nécessaire de savoir ce que les ballons ont donné jusqu'ici à la science et à la patrie; il est utile d'apprendre les procédés actuellement en usage en construction aéronautique, avant de nous lancer dans l'étude complète et difficile des engins de locomotion aérienne, par *le plus léger* et *le plus lourd que l'air*, et que nous allons passer de suite en revue.

DEUXIÈME PARTIE

LA DIRECTION AÉRIENNE

CHAPITRE PREMIER

DE 1782 A 1850

Aussitôt que les montgolfières à air raréfié eurent emporté dans les airs les premiers voyageurs aériens qui osèrent se confier aux caprices de l'atmosphère ; après que les ballons à gaz hydrogène eurent été créés et eurent prouvé que le séjour dans les nuages était possible, les savants et les inventeurs entreprirent d'assurer la conquête de l'air, et de faire des bouées aérostatiques, de véritables vaisseaux volants et se dirigeant à volonté d'un lieu à un autre. On croyait arriver facilement à la solution de ce problème, et cependant, depuis plus d'un siècle que l'on y travaille, on n'est pas encore parvenu au résultat tant cherché.

Blanchard, le premier aéronaute de profession de l'époque, après qu'il eut abandonné la machine volante qu'il construisait, essaya de diriger son ballon au sein de l'air. Pour, cela il adapta un mécanisme à sa nacelle et fit connaître son projet par la voie du *Journal de Paris*, dont nous extrayons un passage :

« Si M. Montgolfier, à jamais immortel, a découvert par la physique l'ascension que je cherchais par la voie de la mécanique depuis tant d'années, trouvera-t-on mauvais que j'aie employé mes pénibles et dispendieux travaux, pour servir à ma direction? Les arts ne sont-ils donc pas faits pour s'entr'aider... Mes ailes et mes mouvements sont faits et éprouvés. Un faible moteur les fait agir avec assez de force dans tous les sens, pour me porter en avant, à droite, à gauche, me tenir à telle hauteur qu'il me plaira, me laisser descendre à volonté, sans déperdition d'air inflammable; c'est sur cette certitude qu'une personne de qualité me prépare une fête à son château, proche Paris, avec plusieurs amis. Le jour que je partirai, je désignerai, la veille de mon expérience, le local que j'ai choisi à cet effet, vaste quoique fermé, à la portée de tous les habitants de la capitale; les amateurs pourront aisément voir tous les *mouvements* que renferme mon vaisseau volant. Je ne nommerai qu'en partant le château où doit se terminer ma traversée, mais je ne m'éloignerai de la compagnie qu'après avoir tâché, par des évolutions multipliées dans tous les sens, de mériter le suffrage universel. »

C'est le 2 mars qu'il fut en mesure pour faire l'essai du vaisseau volant qui devait réaliser cette merveille. C'était un ballon ordinaire, portant quatre roues mises l'une après l'autre en mouvement par une roue tournée à bras d'homme. La machine était complétée par un gouvernail.

Au moment où le ballon allait quitter terre, un élève de l'École militaire se précipita, l'épée à la main, sur l'aéronaute, pour l'obliger à le recevoir dans sa nacelle.

La lutte avec cet écervelé fut même très chaude, car la machine fut détraquée et Blanchard, qui avait été blessé à la main, était donc excusable de remettre l'expérience de son vaisseau volant à une autre ascension, et de se contenter de la gloire, encore rare, de s'élever, comme Charles et Robert, dans la région des nuages.

Mais l'air ayant été traversé par une série de courants superposés, de direction divergente, Blanchard avait tout ce qu'il fallait pour soutenir sa thèse avec quelque avantage et démontrer aux ignorants que les changements de route devaient être attribués au résultat de ses efforts.

C'est ce qu'il ne manqua pas de faire avec une singulière audace, dans le récit pompeux qu'il commu-
niqua au *Journal de Paris*.

« J'attachai, dit-il, une corde de mon gouvernail à
ma jambe, ne pouvant me servir de ma main gauche, que j'avais enveloppée de mon mouchoir, à
cause du coup d'épée que je venais d'y recevoir.
Saisissant l'appendice avec la main droite, j'attirai
le dessous de mon ballon qui faisait drapeau, j'en
formai donc une espèce de voile dans laquelle je pin-
çai de mon mieux un courant d'air qui me paraissait
opposé à mon dessein. Au moyen de quelques secous-
ses de mon gouvernail, je parvins à louvoyer contre
ce courant et à traverser une seconde fois la Seine ! »

Malgré le coup d'épée de l'élève de l'École militaire, le succès est complet ! L'opérateur *pince* les
courants contraires et s'en sert pour donner à son
ballon l'allure d'un vaisseau qui navigue en courant
des bordées !

En 1784, lors de la première ascension aérostatique qui eut lieu en Angleterre, l'aéronaute qui mon-
tait le ballon, un Italien nommé Vicente Lunardi,
emporta, comme Blanchard, deux rames pour diriger sa gondole, mais il fut obligé de constater leur
inutilité. Pour pallier le mauvais effet produit par cet
échec, il prétendit qu'il n'avait pu se diriger seule-

ment à cause de la rupture d'un de ses propulseurs, mais les savants de l'époque firent justice de ses fausses allégations.

Dans le courant de la même année, à Saint-Cloud, eut lieu une expérience de direction à laquelle les frères Robert, constructeurs du premier ballon à gaz hydrogène, et le duc de Chartres prirent part. L'aéros- avait été disposé suivant les plans du savant général Meusnier qui en avait fait, en 1782, une communi- cation à l'Académie des sciences.

Les théories du général Meusnier sont, encore à présent, mises à profit par des chercheurs de direc- tion ; nous donnerons, à titre de document, une ana- lyse succincte de ce travail :

« L'hydrogène est contenu dans un ballon de taf- fetas enduit de caoutchouc. Cette enveloppe doit être aussi légère que possible et plus grande que le volume du gaz qu'elle doit contenir, afin quelle ne soit jamais complètement tendue.

« Je la nomme *enveloppe imperméable*.

« La seconde enveloppe, dite *de force*, peut être de toile et d'autant plus épaisse que l'aérostat sera plus grand ; elle est fortifiée encore à l'extérieur par un réseau de cordes ou filet.

« Elle doit être imperméable seulement à l'air at- mosphérique comprimé.

« On doit laisser, entre les deux enveloppes, un assez grand espace qui, par un tuyau de même nature que l'enveloppe de force, communique avec une pompe foulante installée dans la nacelle. On peut, au moyen de cette pompe, condenser l'air entre les deux enveloppes et augmenter ainsi la pesanteur spécifique moyenne du fluide contenu dans l'aérostat, l'enveloppe de force étant peu extensible. Tout le poids de l'air introduit vient alors s'ajouter à celui de l'aérostat qui ne peut rester en équilibre et descend à une station inférieure. Pour remonter, ouvrir un robinet permettant à l'air comprimé de s'échapper.

« Ce procédé est complété par un système de rames qui sera expérimenté et dont je ne puis donner la description. »

Le 15 juillet, un aérostat de forme oblongue, gréé suivant les principes du général Meusnier, prit donc la route des nuages, emportant quatre voyageurs dans sa nacelle. Ce fut à 8 heures du matin que les aéronautes crièrent de couper les cordes.

Trois minutes à peine après son départ, la machine disparut entièrement; les voyageurs de leur côté cessèrent d'apercevoir la terre et se virent environnés de nuages épais; entraîné tour à tour par des vents violents et opposés les uns aux autres, l'aérostat, qui donnait à leurs efforts plus de prise que tout autre par le disposition de son vaste gouvernail garni de taffetas, tourbillonnait avec une effrayante rapidité, comme secoué par la tempête; il tournait sur lui-même et les nuages s'amoncelant au-dessous des voyageurs mettaient le comble à leur effroi en paraissant leur fermer à jamais la route de la terre. Le gouvernail, qui avait sans doute appelé sur eux ces terribles bourrasques, fut sacrifié et jeté, ainsi que les rames, en pâture au vent : ce n'était plus de chercher la direction des ballons qu'il s'agissait; c'était de vivre.

La tempête ne s'apaisant pas, les aéronautes voulurent se débarasser du ballonnet à air comprimé : ils coupèrent les cordes qui le retenaient, mais ils le firent tomber si maladroitement, qu'il vint obstruer entièrement l'orifice inférieur du ballon. Pour comble de malchance, le soleil vint à briller et ses chauds rayons provoquèrent une dilatation considérable du gaz qui menaça de crever l'enveloppe. Ce ne fut qu'à 5000 mètres d'altitude que le duc de Chartres put prévenir l'explosion imminente en produisant une déchirure dans l'étoffe. Le ballon alors s'abattit avec vitesse près d'un étang, dans les bois de Meudon, à 2 kilomètres de son point de départ. Les ennemis du duc en profitèrent pour le railler avec autant d'esprit que de méchanceté.

L'année d'après, on s'occupa beaucoup des tentatives de direction exécutées par les sieurs Alban et Vallet, directeurs de l'usine de Javel. Le ballon de ces deux chercheurs était muni d'un double moulinet à quatre ailes, dont l'axe pouvait pivoter en tous sens, et qui était mû par l'équipage. Alban et Vallet prouvèrent à plusieurs reprises que ces moulinets dotaient leur appareil d'une force de propulsion bien marquée, mais la puissance motrice étant trop faible et s'épuisant vite, le moindre vent emportait la machine qui ne pouvait lutter contre les courants un peu rapides.

Pendant leurs expériences du 17, ils parvinrent à trouver un courant qui les porta sur Versailles où, grâce à ses ailes, disent-ils, *le Comte d'Artois* descendit au milieu de la cour Royale. Tous les seigneurs environnèrent bientôt le ballon, et il ne fut pas jusqu'au roi et à la reine qui ne se firent expliquer par les aéronautes le mécanisme du *Comte d'Artois*, les succès remportés et les échecs subis. Louis XVI, habile mécanicien, était tout heureux de pouvoir étudier la « machine » d'Alban et Vallet, et d'assister à quelques expériences. Malheureusement pour les aéronautes, le vent avait grandi, ils ne purent manœuvrer contre lui ; les ailes du *Comte d'Artois* demeurèrent impuissantes et ils durent redescendre aussitôt dans la cour Royale où le roi leur permit d'amarrer leur aérostat.

C'était un grand échec, d'autant plus retentissant qu'il avait eu la cour pour témoin. Alban et Vallet avaient touché la renommée du doigt et elle s'était enfuie pour porter ailleurs la nouvelle de leur défaite.

Ces tentatives infructueuses ne rebutaient cependant pas les inventeurs voulant assurer à l'humanité le domaine des airs. L'Académie des sciences de Dijon organisa des expériences nouvelles : Guyton de Morveau et l'abbé Bertrand furent nommés commissaires et accomplirent un voyage ; mais, peu familiarisés avec les difficultés et les dangers de cette nouvelle navigation, ils n'obtinrent, avec les rames et le gouvernail dont ils avaient pourvu leur ballon, que des résultats inférieurs à ceux d'Alban et Vallet. Mais, au moins, ils eurent des résultats et firent une assez longue excursion, tandis qu'à Paris, à la même époque, un autre essai de direction échouait misérablement.

Les auteurs du nouveau projet, l'abbé Miollan et Janninet, avaient ouvert une souscription pour la construction d'un ballon à air chaud de taille gigantesque, ayant un trou dans sa paroi pour le faire progresser par réaction. Mais, le jour qu'ils avaient choisi pour l'expérience publique de leur système, la température s'éleva tellement qu'il fut impossible de gonfler la montgolfière qui refusa absolument de quitter terre. Alors les spectateurs, déçus et furieux de leur longue attente en plein soleil, se précipitèrent sur l'infortuné ballon et s'en partagèrent les débris enflammés. Quant à l'abbé, voyant la mauvaise tournure que prenaient les événements, il n'avait pas attendu le déchaînement de la fureur populaire : il s'était enfui, emportant la caisse contenant la recette.

Il faut alors franchir un espace de plusieurs années pour rencontrer de nouvelles tentatives de navigation aérienne, et c'est en Italie, à Bologne, que nous trouvons, en 1804, Zambeccari exécutant ses dangereuses excursions, au cours desquelles il devait périr d'une mort affreuse.

Zambeccari avait imaginé d'entourer son ballon d'une toile allant du cercle de retenue à l'équateur. Il le gonflait de gaz hydrogène et disposait une lampe à esprit-de-vin à vingt-quatre becs à l'ouverture de cette bâche. En allumant ou en éteignant tel ou tel côté de ces becs, le savant bolonais espérait pouvoir raréfier l'air et provoquer l'avancement du ballon. Mais il avait compté sans le danger constant présenté par cette lampe et, dès sa première ascension un choc renversa le liquide enflammé dans la nacelle. Zambeccari éteignit le feu, et recommença quand même ses expériences pendant plusieurs années consécutives[1]. Enfin,

[1] « Le 7 septembre 1804, dit Zambeccari, après plusieurs mois d'attente d'un temps propice, l'ignorance et le fanatisme m'obligèrent à partir dans les plus déplorables conditions. Exténué de fatigue, n'ayant rien pris de toute la journée, le fiel sur les lèvres, le désespoir dans l'âme, je m'enlevai à minuit avec deux compagnons, nommés Andréoli et Grassetti, dans le globe aérostatique à demi rempli :

« La lampe qui était destinée à augmenter la force ascendante nous devint inutile. Nous ne pouvions observer l'état du baromètre qu'à la lueur d'une lanterne, et très imparfaitement. Le froid insupportable qui régnait dans la région élevée où nous nous trouvions, l'épuisement où m'avait mis le défaut de nourriture depuis plus de vingt-quatre heures, le chagrin qui accablait mon âme, tout cela réuni m'occasionna une défaillance totale, et je tombai sur le bas de la galerie dans une espèce de sommeil semblable à la mort. Il en arriva autant à mon compagnon Grassetti. Andréoli fut le seul qui resta éveillé et bien portant ; sans doute parce qu'il avait l'estomac bien garni et qu'il avait bu du rhum en abondance. A la vérité, il souffrait aussi beaucoup du froid, qui était excessif, et il fit pendant longtemps de vains efforts pour me réveiller. Enfin il réussit à me remettre sur les pieds, mais nos idées étaient confuses ; je lui demandai, comme si je fusse sorti d'un rêve : « Qu'y a-t-il « de nouveau ? où allons-nous ? quelle heure est-il ? d'où vient le « vent ? »

« Il était 2 heures. La boussole était à bas, par conséquent elle nous devenait inutile ; la bougie qui était dans notre lanterne ne pouvait pas brûler dans un air aussi raréfié ; sa lumière s'affaiblissait de plus en plus et finit par s'éteindre. Nous descendîmes lentement à travers une couche épaisse de nuages blanchâtres ; et lorsque nous fûmes au-dessous, Andréoli entendit un bruit sourd et presque imperceptible, qu'il reconnut bientôt pour être le mugissement des vagues dans le lointain. Il m'annonça aussitôt cette nouvelle avec effroi. J'écoutai et ne tardai pas à me convaincre qu'il avait dit la vérité. Il était indispensable d'avoir de la lumière pour examiner, par l'état du baromètre, à quelle hauteur nous nous trouvions, et pour prendre nos mesures en conséquence. A force de secouer Grassetti, nous parvînmes à le réveiller un peu. Andréoli brisa cinq mèches phosphoriques sans qu'une seule prît feu. Ceen 1812, un nouvel accident lui survint encore par suite de la lampe qui mit le feu au ballon. Zambeccari tomba sans vie d'une hauteur considérable et le corps couvert de brûlures.

Il semblait, qu'après tous ces insuccès et ces catastrophes réitérées, on eût compris que la science ne

pendant nous réussîmes, avec infiniment de peine et à l'aide d'un briquet, à rallumer la lanterne. Il était trois heures du matin. Le bruit des vagues, qui se brisaient l'une contre l'autre, se faisait entendre de plus en plus, et je reconnus bientôt la surface de la mer violemment agitée. Je me saisis bien vite d'un gros sac de lest; mais au moment où j'allais le jeter, la galerie s'enfonçait déjà, et nous nous trouvâmes tous dans l'eau. Dans le premier moment d'effroi, nous jetâmes loin de nous tout ce qui pouvait alléger la machine: notre lest, tous les instruments, une partie de nos vêtements, notre argent et jusqu'aux rames, dont une s'était brisée non loin de Bologne. Comme, malgré tout cela, la machine ne s'élevait pas, nous jetâmes aussi notre lampe à la mer ; après avoir arraché, coupé tout ce qui nous parut ne pas être d'une indispensable nécessité, le globe, ainsi allégé, remonta tout d'un coup, mais avec une telle rapidité, et à une si prodigieuse élévation, que nous avions de la peine à nous entendre, même en criant ; je me trouvai mal, et il me prit un vomissement considérable. Grassetti saigna du nez ; nous avions tous deux la respiration courte et la poitrine oppressée. Comme nous étions trempés jusqu'aux os au moment où la machine nous avait transportés dans ces hautes régions, le froid nous saisit rapidement, et nous fûmes couverts en un instant d'une couche de glace. Après avoir parcouru pendant une demi-heure ces régions immenses, et avoir été porté à une hauteur incommensurable, la machine recommença à descendre lentement et nous retombâmes encore une fois dans la mer ; il était environ quatre heures du matin. Nous n'étions pas fort éloignés de la côte et nous nous flattions déjà d'y aborder heureusement quand un courant nous reprit et nous chassa vers la haute mer. Ce ne fut qu'à 9 heures du matin qu'un navigateur reconnut notre machine flottant sur les eaux pour un ballon. Il envoya une chaloupe à notre secours et on nous recueillit à demi morts de froid et ne donnant presque plus signe de vie. »

pouvait encore donner à l'homme sa domination sur les plages aériennes. Aussi n'entend-on plus parler, pendant une longue période d'années, de navigation aérienne ; on se contentait d'aller admirer Testu-Brissy montant à cheval dans sa nacelle, Garnerin descendant en parachute, ou Mme Blanchard faisant détoner ses feux d'artifices aériens. Les savants avaient délaissé l'étude ingrate de cette difficile question, et les saltimbanques s'étaient emparés de ce merveilleux véhicule, dont ils ont conservé, depuis, le monopole.

D'ailleurs, l'attention de l'Europe était autre part ; on n'entendait que le fracas des armes d'une extrémité à l'autre du continent, Napoléon subjuguait les peuples, et les aéronautes eux-mêmes, mourant de faim, avaient dû émigrer en Amérique. C'est pourquoi il nous faut arriver à l'année 1834 et franchir un quart de siècle pour rencontrer de nouvelles études aéronautiques.

Ce fut un ancien colonnel, nommé de Lennox, qui, ayant cru, comme tant d'autres depuis, avoir découvert le secret tant cherché, rouvrit la série par un malheur semblable à celui qui termina l'expérience de Miollan et Janninet au Luxembourg.

Suivant le programme officiel distribué à profusion, la machine de M. de Lennox n'avait pas moins de

150 pieds de longueur et 45 de hauteur. La nacelle était longue de 70 pieds et pouvait contenir seize personnes ; l'enveloppe était en soie imperméable conservant le gaz pendant plus de quinze jours. Les moyens de direction et d'ascension consistaient en rames tournantes avec gouvernail et en une vessie natatoire, comme dans le procédé imaginé et décrit par le général Meusnier.

Cette description avait surexcité la curiosité publique et, le jour du départ, une foule immense encombrait le Champ-de-Mars. Le ballon avait été transporté dès le matin des ateliers de construction au lieu de l'ascension ; mais, pendant ce court trajet, il avait été facile de prévoir le résultat. Le ballon *l'Aigle*, bien loin de posséder une force ascensionnelle suffisante pour enlever seize personnes, se soutenait difficilement lui-même, et ce fut avec beaucoup de peine qu'il atteignit le but de son trop court voyage. Au moment de l'ascension, il fut impossible de lui faire quitter le sol et, comme dans toutes les entreprises malheureuses, l'inventeur fut bafoué, insulté, et son aérostat mis en pièces sous ses yeux par une foule en fureur. A quoi cependant peut tenir le succès ! Le principe de l'appareil de M. de Lennox était bon ; si le ballon eût été bien construit, il est probable qu'il aurait donné de certains résultats. D'ailleurs, l'inventeur était un homme d'honneur qui perdit toute sa fortune dans ce désastre.

Ce fut en 1846 que fut fondée à Bruxelles la première société de navigation aérienne pour l'exploitation pratique d'un nouveau système de direction dû au Dr van Hecke. Dupuis-Delcourt, aéronaute français et secrétaire général de cette société, exécuta dans le courant de cette année[1] une ascension avec

[1] « En nous élevant, vers 2 heures, de la prairie située près de l'usine à gaz de MM. Semet et Cⁱᵉ, à Saint-Josse-en-Noode, nous avions eu le soin de mettre le ballon à l'état du plus parfait équilibre. Il ne pouvait monter seul, il descendait à peine, et se trouvait dans la position des plateaux d'une bonne balance abandonnée à elle-même. En cet état, le ballon était maintenu à la main, par l'une des personnes présentes à l'expérience, à 1 mètre environ du sol. Au moment de partir, M. van Hecke fit placer près de lui, sur la banquette de sa gondole, un sac de sable pesant 2 kilogrammes, et l'on donna à tout l'appareil, en le soulevant, une légère impulsion.

« C'est alors que nous partîmes; et l'ascension assez accélérée qu'on put observer à la machine, et avec laquelle cette dernière gagna en dix ou douze minutes la hauteur des premiers nuages (1100 mètres), fut due à l'effort des pales.

« Une remarque généralement faite par les nombreux spectateurs de l'ascension, et dont je puis attester l'exactitude, c'est que, ayant arrêté d'un commun accord, M. van Hecke et moi, le mouvement de la machine quelques secondes avant notre immersion dans les nuages, nous cessâmes subitement de monter ; le ballon oscilla un moment et se mit à descendre. Nous pûmes constater un abaissement d'environ 100 mètres, puisque le mercure dans le tube barométrique remonta de 0^m,01.

« Nous étions encore en ce moment au-dessus de la ville. Je venais de faire remarquer à mon compagnon de voyage le Béguinage, la Grand'-Place et le Parc; M. van Hecke insistait pour s'abaisser davantage, mais il y aurait alors eu imprudence à le faire. On ne pouvait pas compter, la suite l'a bien prouvé, sur la solidité d'un appareil aussi légèrement

l'inventeur qui désirait prouver la supériorité de son système d'ailes sur le ballonnet à air comprimé de Meusnier pour provoquer la montée du ballon sans jet de lest. Mais le progrès réalisé était insuffisant pour une exploitation commerciale et la société fut dissoute peu de temps après.

La tentative du docteur van Hecke remit l'étude de la navigation aérienne à l'ordre du jour. En Amérique, Genet prenait un brevet pour un ballon dirigeable, Scott de Martainville imaginait le ballon allongé, Calais faisait ses expériences infructueuses et le bonnetier Pétin, pris d'un zèle extraordinaire pour

construit que l'était celui qui nous portait alors, et je dus, au contraire, reprendre la manœuvre précédente. De nouveau nous obtînmes un effet ascensionnel, à l'aide duquel nous gagnâmes la partie supérieure des nuages.

« La s'est bornée, pour cette première fois, l'expérimentation des appareils de M. van Hecke. Ces faits auraient eu besoin d'être constatés terre à terre pour ainsi dire, au moyen d'une ascension à ballon tenu, et c'est même ce qui avait été indiqué et convenu. Une très prochaine expérience, toute démonstrative, viendra fournir au public une preuve décisive et claire, dont le gouvernement et M. le docteur van Hecke lui-même ont également besoin, on le comprend.

« Le principe de l'invention du docteur van Hecke est exact et n'a plus besoin d'aucune approbation, puisque les Académies des sciences de France et de Belgique l'ont constaté ; l'application en est certaine ; mais nous avons reconnu le trop de fragilité et l'insuffisance des moyens adaptés à l'élégante et trop faible embarcation du docteur van Hecke. La nouvelle nacelle mécanique dont il s'occupe en ce moment devra réunir les conditions de solidité et de puissance nécessaires.

« DUPUIS-DELCOURT. »

l'aéronautique, parcourait la France, organisant des souscriptions et démontrant à .tous l'excellence de son système de *navire aérien dirigeable* qu'il parvint à construire, sinon à essayer, et qui demeura long-temps exposé dans un local spécial, aux Champs-Élysées.

L'appareil de M. Pétin était un assemblage de quatre ballons ronds soutenant une plate-forme de 70 mètres de long, 10 de large, 1216 mètres de superficie et ayant à eux quatre une force ascension-nelle de plus de 15 000 kilogrammes. La seule nou-veauté imaginée par l'ancien bonnetier consistait dans l'adjonction à ce vaisseau, d'une charpente soutenant deux globes servant à modérer la montée et la des-cente, et de châssis mobiles autour d'un axe hori-zontal au moyen desquels on pouvait, les ballons montant ou descendant, faire progresser tout le système suivant une ligne oblique. Mais il y a un vice capital à ce procédé : l'absence de tout véritable mo-teur, car il faut user la force de soutien, le gaz et le lest pour obtenir un effet utile des plans inclinés qui ne peuvent agir que pendant l'ascension ou la des-cente du navire. Pour faire progresser tout l'appareil en temps calme, il faut de toute nécessité avoir à sa disposition une force motrice quelconque. Or cet agent fondamental, c'est à peine si M. Pétin y a songé, ou du moins les moyens qu'il a indiqués sont tout à fait puérils. L'hélice est, en définitive, le moteur adopté par M. Pétin. Or les hélices ont été essayées bien des fois pour les usages de la navigation aérienne, et toujours sans le moindre succès. Quant à faire fonctionner ces hélices par le moyen de petites turbines, cette idée n'est pas discutable. Outre que leurs faibles dimensions sont tout à fait hors de proportion avec le volume énorme de la machine, il nous semble douteux que les roues de ces turbines atmosphériques puissent fonctionner seules à l'aide de la résistance de l'air, car elles sont plongées tout entières dans le fluide, condition qui doit s'opposer à leur jeu. D'ailleurs, cet effet fût-il obtenu, il ne pourrait s'exercer que pendant l'ascension ou la descente de l'aérostat, et dès lors la difficulté dont nous parlions plus haut se présenterait encore, car il faudrait, pour provoquer la marche, jeter du lest ou perdre du gaz, c'est-à-dire user peu à peu le principe même ou la cause du mouvement. L'auteur se tire assez singulièrement d'embarras en disant que l'hélice serait mue, dans ce cas, par la main des hommes ou par tout autre moyen mécanique ; mais c'est précisément ce moyen mécanique qu'il s'agit de trouver, et, en cela, forcément, consiste la difficulté qui s'est opposée, jusqu'à ce jour, à la réalisation de la navigation aérienne.

Théophile Gautier le romantique, qui s'occupait un
peu de tout, même de science à ses moments perdus, était l'un des plus chauds partisans de M. Pétin,
pour lequel il écrivit un chaud plaidoyer dans *la
Presse* de 1851. On nous permettra de citer ici ce
morceau d'éloquence qu'on sent bien sortir d'une
plume ignorante et d'un cerveau ébloui par les
mirifiques promesses du sieur Pétin.

« La grande dimension de cet appareil, qui présente
quelque chose comme la nef de Notre-Dame ou un
un vaisseau de guerre avec sa mâture, n'a rien qui
doive étonner. Dans l'air, ce n'est pas la place qui
manque, et M. Pétin a eu raison d'en user largement.
En augmentant ainsi le poids de son navire, il accroît
sa force de résistance contre les courants d'air hori-
zontaux, et, d'ailleurs, ne sait-on pas que le même
vent qui fait chavirer une nacelle n'émeut seulement
pas un navire à trois ponts ? La proportion gigantesque du navire de M. Pétin est donc une garantie de
sécurité. Le mouvement se fait au moyen d'un centre
de gravité (!!) et d'une rupture d'équilibre aux extrémités. Jusqu'à présent, on n'avait pas trouvé pour
les ballons ce centre de gravité(!!), et voilà pourquoi
toute marche était impossible. Il existait pourtant, et
le mérite de M. Pétin est d'avoir su le trouver. Ce
point d'appui, il se l'est procuré par un moyen d'une

simplicité extrême.¹ Il a établi sur le second pont de son navire, dans l'endroit que laissent libre les ballons, de vastes châssis posés horizontalement et garnis de toiles à peu près comme des ailes de moulin à vent. Ces châssis se remploient à volonté. Les ailerons se ramènent sur les ailes aisément et rapidement, de manière à offrir plus ou moins de résistance dans l'ascension et la descente, selon les mouvements qu'on veut produire. Au centre de ce plancher mobile sont disposés parallèlement, car la nature procède toujours ainsi (?), deux demi-globes fixés sur leurs bords et libres de se gonfler dans un sens ou dans l'autre. Lorsqu'on monte, l'air s'engouffre dans leur cavité et les arrondit par sa pression, qui est immense comme on sait. Les deux demi-sphères décrivent un arc renversé du côté de la terre, et retardent cette force d'ascension verticale qui opère par éloignement de la circonférence et dans le sens du rayon.

« Lorsqu'on se rapproche de la terre, les deux globes se retournent, prennent l'apparence de coupoles et ralentissent la descente. — Tout à l'heure le point d'appui était au-dessus de l'appareil ; maintenant il est au-desous ; aussi l'un retient et l'autre soutient. Voilà le centre de gravité, le point d'appui trouvé. Nous allons voir comment M. Pétin en tire parti. Les ailes du plancher horizontal, qui forme le second pont de son navire, lorsqu'elles sont étendues également, présentent à l'air une résistance uniforme dans le sens ascensionnel ou descensionnel. Mais, en repliant les toiles des extrémités vers le centre, la résistance devient inégale, l'air passe librement, et l'un des côtés se trouve plus chargé que l'autre; il y a rupture d'équilibre, la balance représentée par le plancher horizontal, et dont les coupoles déterminent le centre de gravité, penche et glisse sur le plan incliné formé par l'air sous-jacent; ou bien, si le mouvement se fait en sens inverse, l'appareil remonte en suivant une ligne diagonale, en dessous d'un plan incliné formé par l'air supérieur.

« Voici donc, et là est tout l'avenir de la navigation aérienne, la fatale ligne perpendiculaire rompue. Procéder en ligne diagonale, c'est avancer, et tout corps lancé sur une pente reçoit de cette projection le mouvement.

« Jusqu'à présent, M. Pétin ne s'est servi que de l'air-résistance, dont l'action est verticale, et non de l'air-vitesse, donc l'action est horizontale, et qui procède par éloignement du rayon dans le sens de la circonférence. Un des plus grands obstacles à la direction des ballons, ce sont les courants d'air qui peuvent faire dévier le ballon de sa route.

« Comme M. Pétin peut, en levant ou en abaissant la proue de son navire, se faire prendre en dessus ou en dessous par le courant d'air arrêté dans les ailes, et filer en montant ou en descendant, sans surmonter tout à fait la force de l'air-vitesse, lorsqu'elle est contraire, il la rompt et la brise, et diminue son recul à la façon d'un vaisseau qui louvoie contre le vent. Mais les diagonales ascendantes ou descendantes déterminées par la rupture d'équilibre, qui suffiraient dans un air tranquille ou avec un courant favorable, n'auraient pas assez de force dans des circonstances moins propices ou quand on voudrait obtenir une plus grande rapidité. M. Pétin a imaginé d'appliqué à son vaisseau aérien l'hélice inventée pour les bateaux à vapeur par Sauvage, ce grand génie si longtemps méconnu. Deux hélices mises en mouvement par deux turbines posées autour des globes parachutes et paramontes se vissent, pour ainsi dire, dans l'air, et opèrent des tractions énergiques. Lorsqu'on veut virer de bord, on laisse aller une poulie folle; une des hélices suspend sa rotation, et l'aérostat tourne sur lui-même ou décrit une courbe ; enfin il devient susceptible d'exécuter toutes les manœuvres d'un steamer.

« Ces hélices peuvent être tournées à la main (?) ou par tout autre moyen mécanique, si l'on ne veut pas employer les turbines, qui ont le mérite d'utiliser une force qui ne coûte rien (?), la force ascendante et descendante.

« S'il est permis d'affirmer une chose encore à l'état
de projet, l'on n'avance rien que de parfaitement
raisonnable et logique en disant que, dès aujourd'hui,
le problème de la locomotion aérienne est résolu, ou
bien toutes les lois physiques sont fausses et la statique
n'existe pas.

« L'appareil de M. Pétin offre plus de sûreté aux
voyageurs que tout autre moyen de locomotion. Ses
trois ou quatre ballons crèveraient tous, ce qui est
impossible, que les deux coupoles et les ailes rendraient la chute si lente qu'elle serait sans danger, car
son vaisseau est *inchavirable* et insubmersible. On
tomberait dans la mer qu'on ne se noierait pas pour
cela. Nous en sommes tellement certain que nous
avons retenu notre place pour le premier voyage. »

Quoi qu'il en fût, une fois le « vaisseau aérien »
construit, on ne put en expérimenter la valeur, le
préfet de police ayant refusé l'autorisation de gonfler
les quatre ballons. M. Pétin passa donc en Angleterre, puis en Amérique où il exécuta plusieurs ascensions avec un aéronaute nommé Chevalier, et à
l'issue desquelles il tomba dans l'eau, une première
fois dans l'océan Atlantique et une seconde dans le
lac de Pontchartrain. Ces naufrages successifs dégoû

tèrent alors définitivement l'ancien bonnetier de l'aérostation : il revint en France et se trouva fort heureux d'accepter une place modeste dans une grande administration.

Ce fut à la même époque que MM. Sanson père et fils imaginèrent un autre ballon dirigeable dont il ne paraît avoir jamais existé que de petits modèles. C'était une sorte de volumineux poisson en toile vernie, muni d'une vessie natatoire, dispositif Meusnier, pour la montée et la descente facultatives, sans jet de lest ou perte de gaz, et garni de propulseurs mis en marche de la nacelle au moyen de volants actionnés par l'équipage.

L'avant de cet aérostat était protégé par une couverture en tôle de fer et l'arrière était garni d'une vaste surface de toile triangulaire disposée verticalement et devant faire office de gouvernail. Les propulseurs étaient des roues à larges pales courbes fixées à l'équateur qui était un solide cercle en bois. Ce système, nous le répétons, n'a jamais été expérimenté en grand malgré les demandes pressantes des inventeurs et leurs appels réitérés au public ; il est probable que, si on l'avait essayé, il n'aurait donné que des résultats insuffisants et dus à l'absence de toute force motrice sérieuse. Le moteur humain ne peut être utilement employé en navigation aérienne ; sa puissance est beaucoup trop faible, et beaucoup trop vite épuisée pour être mise en ligne de compte, et, de plus, raison majeure en aérostation, ce moteur est trop lourd. C'est ce qu'on a malheureusement été trop long à comprendre et qui a retardé de beaucoup l'avènement de l'aéronautique rationnelle.

CHAPITRE II

DE L'ANNÉE 1850 A NOS JOURS

En suivant l'ordre chronologique que nous avons adopté pour rendre plus claire l'étude des systèmes de navigation aérienne, nous rencontrons, par ordre de date, et après Petin et Sanson, en 1852, les tentatives, basées sur des lois scientifiques rigoureuses, et exécutées par l'ingénieur Henri Giffard. Mais, les ballons à vapeur devant faire faire l'objet d'un chapitre spécial, nous ne ferons que mentionner ici ces expériences et nous arriverons de suite à l'année 1866 et aux ascensions de M. Delamarne.

M. Delamarne avait imaginé un ballon en forme de cylindre terminé à sa partie antérieure par une plaque appelée *taille-vent* et qui devait lui permettre de résister, pendant la marche, à la pression de l'air.

De chaque côté de ce cylindre se trouve une hélice à
à trois palettes qui reçoit son mouvement, à l'aide
d'une transmission, d'un volant mû par l'aéronaute
placé dans la nacelle. Un large gouvernail complète
l'attirail de direction.

La première expérience eut lieu au jardin du Luxembourg. L'inventeur avait promis qu'il se dirigerait en
l'air, quelle que fût la force du vent. Mais, en dépit de
ses promesses, l'aérostat s'éleva lentement, fortement
incliné, et malgré toutes les manœuvres, il suivit le
premier courant aérien qu'il rencontra. Quelque
temps plus tard, M. Delamarne recommença son essai
au Champ-de-Mars, en présence de l'empereur Napoléon III, mais l'issue en fut de tout point déplorable.
Dans les manœuvres du départ, une des branches
de l'hélice accrocha l'étoffe du ballon et lui fit au
flanc une large blessure qui ne put être réparée. Ce
fut le dernier essai de navigation atmosphérique de
M. Delamarne, mais non son dernier voyage aérien,
car il s'offrit, en 1870, à conduire un aérostat-poste
en province. Mais, avec sa chance habituelle, le malheureux inventeur-aéronaute alla tomber à Wetzlar
en Prusse, avec ses dépêches et ses pigeons !

Vers la même époque, en France, surgissent différents autres systèmes de direction des ballons. Citons
les projets du *rotaer* de M. Barnout, le ballon à ré-

miges de M. Carmien de Luze, le ballon allongé mû
par un barillet d'horlogerie et dû à M. Jullien, et enfin le modèle de M. Camille Vert, ouvrier mécanicien, qui, pendant plus de vingt ans, s'acharna à
prouver l'excellence de son système qui, il faut bien
le dire, donnait des résultats un peu supérieurs à ceux
donnés par les modèles exposés, de 1863 à 1870, à
la curiosité du public.

Un système des plus curieux, qui fut sérieusement
proposé à ce moment, fut celui d'un architecte se
disant ingénieur-aérostaticien et qui voulait remorquer
un ballon captif à l'aide d'une poulie glissant sur un
câble horizontal tendu de Paris à Saint-Cloud. On se
doute de l'éclat de rire formidable qui accueillit cette
proposition saugrenue : l'architecte en fut célèbre
pendant plus d'un mois.

Cela ne valait pas, cependant, le projet de ce
pauvre J.-B. Lassie, mort il y a peu d'années et qui
passa sa vie à vouloir démontrer l'excellence de son
procédé de direction. Mais, comme ce serait gâter le
chef-d'œuvre que de vouloir l'analyser, nous copions
textuellement le projet de ce pauvre malheureux qui,
en dehors des questions aéronautiques, était le plus
honnête homme qu'on pût rencontrer :

« Le navire aérien est un cylindre métallique de
32 mètres de diamètre et long de dix diamètres ou de

320 mètres. Quatre voilures de 9 mètres de hauteur sont soudées par dessus, en forme de spirales faisant un tour et demi sur toute sa longueur ; c'est donc une grande vis aérienne plus grande que le cylindre ou que le navire lui-même qui ne sert que d'axe ; en faisant un tour et demi sur lui-même, il parcourt 320 mètres de distance : pour produire ce mouvement de rotation, six cent quarante hommes, placés au centre du gaz ou centre du cylindre, dans le tunnel ou tube métallique de 260 centimètres de diamètre, marchent circulairement au commandement du sifflet, comme les écureuils qui font tourner leur cage. Ce tunnel, comme un pont en fil de fer suspendu au centre du gaz, en ayant 14 mètres autour de lui, est divisé en cent soixante cabines de 2 mètres de

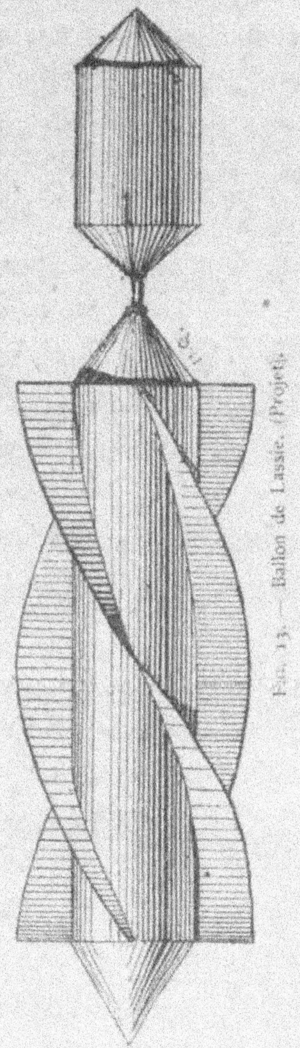

Fig. 13. — Ballon de Lassie. (Projet).

long et meublées de hamacs suspendus au grand axe,
qui est le centre de la force de toute la machine. Le
gouvernail est un pareil cylindre de 32 mètres de diamètre, qui ne tourne pas, mais qui se meut à droite
et à gauche pour la direction ; c'est dans son tunnel
que sont logés les passagers de première classe, au
nombre de cinq cents payant 100 francs par jour; ce
qui donne 50 000 francs de recette de laquelle sous-
trayant 6400 francs pour la dépense des six cent quarante hommes faisant l'écureuil, à 10 francs par jour,
on a un bénéfice net de 43 600, ou 15 millions par
an, ou quinze fois le capital. Sans jamais perdre le gaz
renfermé en douze compartiments, le navire monte
et descend à volonté, pour profiter des courants superposés dans l'atmosphère en prenant l'air pour lest,
à raison de 1500 grammes le mètre cube, de même
que le navire marin prend pour lest l'eau ou le fluide
qui le supporte pour s'abaisser, ou qu'il pompe pour
s'élever. Le navire fait 15 lieues à l'heure avec le
tiers de l'équipage ou deux cent treize hommes, ou
43 chevaux, lorsque n'ayant aucun courant favorable,
il s'élève à la région des cirrhus immobiles ou presque immobiles ; il ne pèse alors que 240 tonneaux,
tandis qu'en bas il pesait 300, c'est-à-dire, après avoir
jeté 60 tonneaux de lest aérien : l'air y étant un cinquième plus léger donne gratuitement un cinquième

de vitesse ; d'où pour huit heures et tout l'équipage,
la force motrice devient 154 chevaux pour 240 tonneaux, ou *un* pour *un* tonneau *et demi* ; donc le triple
pour la force continue ou *un* cheval pour 4 tonneaux 1/2. Légèreté du navire : le mètre cube d'air
pèse 1293 grammes et le gaz que 89 grammes, ou
quinze fois environ plus léger ; donc, si l'on circons-
crit dans l'atmosphère un volume de 230 000 mètres
d'air, pesant 300 tonneaux, et qu'on y substitue
230 000 mètres cubes de gaz, ce même volume, ayant
une résistance égale pour l'enveloppe, s'enlèverait à
une hauteur prodigieuse, ne pesant plus que 20 tonneaux ; pour l'équilibrer, il reste donc 280 tonneaux
de charge, savoir : 64 tonneaux, enveloppe métallique avec ses hélices ; 45 tonneaux, poids des six
cent quarante hommes ; 60 tonneaux, lest aérien ;
30 tonneaux, vivres pour quinze jours ; total du principal : 199 ; reste 81 tonneaux pour les petits détails.
Le navire va ainsi à 2000 mètres de hauteur, et quand
il a consommé ses vivres, à 3000 mètres. 520 kilogrammes sur une extrémité de plus que sur l'autre
ne peuvent l'incliner que de 8°. C'est le plus petit
que l'on puisse fabriquer. Le navire aérien a neuf
fois les dimensions du navire marin pour l'égaler en
tonnage. »

En même temps que la question de la navigation

aérienne était revenue à l'ordre du jour dans notre pays qui est la patrie des aérostats, ainsi qu'on ne doit pas l'oublier, on étudiait dans les pays voisins ce problème difficile, et voici un article de journal qui relate des expériences faites en 1872 à Woolwich, en Angleterre .

« Samedi 25 juillet, a eu lieu à l'arsenal de Woolwich une expérience de navigation aérienne à l'aide de l'aérostat *Ville de New-York*, cubant 2000 mètres. L'appareil, inventé par M. Bowdler, consistait dans un hélice aérienne destinée à imprimer à l'aérostat un mouvement de translation. Cette hélice, en zinc, était attachée à un cadre en fer, et sa vitesse angulaire était augmentée par des roues d'angle. Le diamètre de l'hélice était de 3 pieds, et on comptait lui imprimer une vitesse de douze à quatorze tours par seconde. Elle était mise en mouvement par l'inventeur et par un sapeur du génie. Mais elle n'a produit aucun effet de translation appréciable, ce qui devait être prévu, le ballon rond offrant une trop grande résistance. Mais un autre fait assez important a été constaté : le ballon s'est mis à tourner autour de son axe, tantôt dans un sens, tantôt dans un autre, suivant le sens dans lequel on inclinait le gouvernail, ce qui indique qu'il y avait une petite vitesse différentielle.

« M. Bowdler avait en outre disposé une hélice horizontale, pour faire mouvoir le ballon dans le sens de la verticale. Le ballon ayant été assujetti par le *guide-rope* et mis en équilibre par M. Coxwell, qui assistait le major Béaumont dans la direction des expériences, le ballon garda impertubablement son niveau primitif.

« Heureusement, quelqu'un fit remarquer que peut-être on s'était trompé dans le sens de la rotation, et l'on fit tourner l'hélice dans la direction opposée. Aussitôt le ballon se mit à monter. Il retombait vers la terre aussitôt que l'on discontinuait ce mouvement. M. le major Béaumont, qui dirigeait les expériences, est le président du comité des ballons établi par le ministère anglais. Ce savant officier a fait de nombreuses ascensions avec M. Coxwell.

« A l'issue des expériences, le ballon a pris son vol, et l'ascension s'est terminée après un voyage à 3000 mètres, dans lequel les voyageurs ont joui d'un coup d'œil magnifique. La descente a eu lieu dans les environs de Londres, à 7 heures du soir. »

Lors de la terrible guerre franco-allemande de 1870 et pendant le siège de Paris, surgirent une foule de projets de direction des ballons qui ne sortirent jamais des limbes de la théorie ; il y en avait d'aussi extraordinaires que celui de Lassie, et beaucoup de braves gens, patriotes, mais peu au courant des questions aéronautiques, imaginèrent des systèmes irréalisables de navigation aérienne. Ce serait perdre un temps précieux que d'analyser ces centaines de bro-

Fig. 14. — Ballon dirigeable de M. Dupuy de Lôme (première idée).

chures et d'articles sur des systèmes aussi déraisonnables les uns que les autres. Aussi continuerons-nous, sans nous arrêter, la revue des expériences faites depuis cette époque jusqu'à nos jours.

L'un des essais les plus importants, car il avait été fait avec l'aide et sous les auspices du gouvernement, eut lieu en 1872. L'aérostat, qui cubait 3000 mètres et qui était de forme allongée avait été édifié sur les

plans du célèbre ingénieur de la marine impériale,
M. Dupuy de Lôme. On l'avait muni d'une hélice à deux
ailes que l'équipage devait faire mouvoir (fig. 14). A la

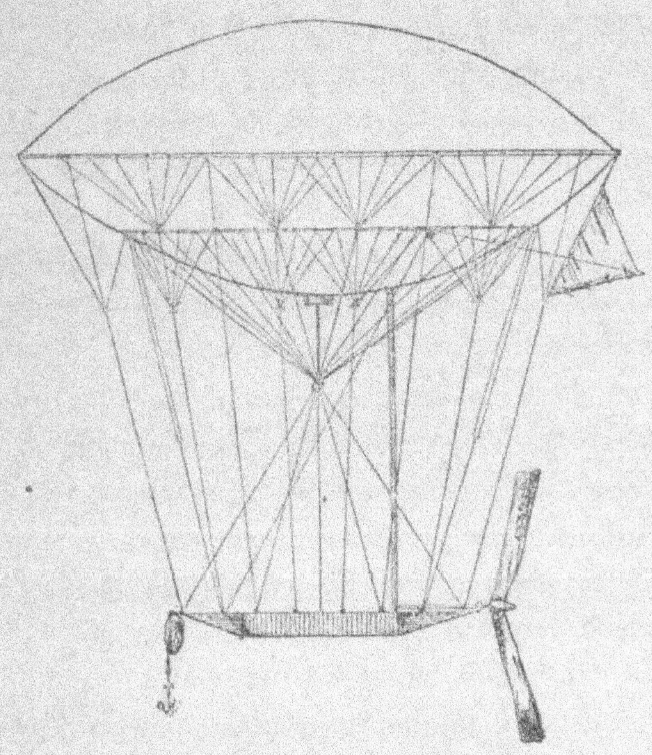

FIG. 15. — Ballon dirigeable de M. Dupuy de Lôme
(deuxième idée; expérience du 2 février 1872).

première expérience, la vitesse propre communiquée
à l'aérostat par l'hélice fut trouvée un peu supérieure
à 3 mètres par seconde. Dans sa seconde construc-

tion (fig. 15), M. Dupuy de Lôme porta tous ses soins sur le système de suspension de la nacelle; il munit le ballon d'un ballonnet à air comprimé, suivant la théorie du général Meusnier, et augmenta le personnel appelé à faire mouvoir l'hélice. Mais, le jour de l'ascension, la force du vent était encore supérieure à celle développée par le moteur animé actionnant le propulseur, et le ballon fut encore entraîné[1]. Nous donnons (p. 182 et 183) le dessin des deux idées de constructions aériennes dont la deuxième seulement a été réalisée par l'ingénieur des vaisseaux cuirassés de l'Empire.

Parmi les innombrables projets qui ont surgi depuis celui de M. Dupuy de Lôme, nous prendrons les meilleurs et, dans le nombre nous citerons celui, plein d'avenir, de M. Bouvet, jeune ingénieur de talent qui avait eu l'idée de reprendre les théories de Pilâtre de Rozier sur la montée et la descente facultative d'un ballon, par suite du réchauffement ou du refroidissement du gaz, et avec les moyens perfectionnés que la science mettait à sa disposition.

Or donc, M. Bouvet, procédant, comme nous avons dit, de Pilâtre pour la navigation dans le sens vertical, et de Meusnier pour la direction à l'aide des cou-

---

[1] Le vent avait une vitesse propre de 17^m,50 au moment de l'ascension.

rants de différent sens. M. Bouvet plaçait un foyer au
centre de la masse gazeuse renfermée dans un ballon
rond ; mais l'appareil, sorte de calorifère devant servir à élever le degré de la température intérieure de
l'aérostat et par suite à augmenter le volume du gaz
et la force ascensionnelle du système, était si ingé-
nieusement disposé, les précautions prises d'une façon
si complète, qu'il paraissait impossible à M. Perron,
son collaborateur au point de vue aérostatique, qu'un
accident fût à redouter.

Une lampe de Davy, perfectionnée, s'alimentant au
gaz même du ballon et dont la combustion était acti-
vée par une prise d'air spéciale, était fixée à la partie
inférieure d'un vaste cylindre en cuivre rouge, à ailet-
tes creuses, de manière à multiplier la surface de
chauffe et élevait la température de l'air y contenu
jusqu'à 100°.

Le cylindre, suspendu au milieu de l'aérostat, com-
muniquait par chacun des points de sa surface une
portion de son calorique ; le gaz, se distendant plus
ou moins, suivant le degré de chaleur obtenu, pressait sur la poche à air et la vidait graduellement par
une soupape automatique, déterminant un mouvement ascensionnel par suite de la différence de densité des deux fluides.

Si l'aéronaute désirait descendre, il éteignait ou

baissait sa lampe-chalumeau ; le gaz, se contractant, reprenait son volume normal, la poche à air, en communication constante avec un ventilateur d'une construction fort simple, se remplissait, et l'aérostat descendait.

Si l'on ajoute que la lampe-chalumeau s'allumait et s'éteignait par le passage ou l'interruption d'un courant électrique dans un fil de platine ; qu'elle était suffisamment isolée à l'aide de tissus métalliques, de la prise de gaz du ballon toujours, du reste, à une pression suffisante pour parer aux dangers d'absorption, on comprendra que la consommation d'un poids insignifiant de gaz, 1 mètre cube par exemple, soit 700 grammes, mettait à la disposition de l'aéronaute, par l'élévation de température pouvant résulter de ce volume de gaz utilement consommé par le chalumeau, une force ascensionnelle considérable, toujours renouvelable, lui permettant de monter et de descendre à volonté sans perte de lest et de s'équilibrer constamment en parant aux condensations et aux dilatations accompagnant et limitant d'une si fâcheuse façon les voyages aériens, la durée du séjour dans l'air étant reculée, en outre, bien au delà des limites ordinaires et pouvant, d'après les calculs établis pour un ballon de 1200 mètres, atteindre facilement cent trente heures par un temps moyen.

Le projet de M. A. Bouvet n'a jamais été expérimenté dans un ballon, mais les appareils de démonstration étaient construits et fonctionnaient admirablement.

L'auteur, après les avoir fait breveter, se préparait à les construire en grand et les appliquer à un aérostat de 1250 mètres, afin d'exécuter la première expérience en l'air, quant la mort vint enlever, à trente ans à peine, M. Bouvet à ses études et à sa famille.

Il serait à souhaiter que l'idée pleine d'avenir de M. Bouvet fût mise à exécution dans une ascension de longue durée : si ce système ne nous donnait pas la solution du problème de la navigation aérienne, il serait du moins un notable perfectionnement à l'aérostation vulgaire. Mais la routine est une si belle chose !

Dans l'espoir de se servir des courants aériens pour se diriger vers le point choisi, nombre d'aéronautes et d'inventeurs, depuis le général Meusnier, inventeur de ce procédé, ont cherché le moyen de provoquer à volonté l'ascension et la montée des globes aérostatiques. Les uns ont fait appel aux moyens mécaniques, d'autres aux moyens physiques. Parmi les premiers, citons M. Ribeiro de Souza qui appliquait de larges plans inclinés à son ballon, M. Bowdler, M. Lhoste et bien d'autres qui mettaient en mouvement une hélice horizontale fixée au croisillon du cercle ou à la nacelle, et M. Capazza qui, reprenant une idée déjà ancienne et due à M. Jobert, équilibrait, à l'aide d'un parachute relié au ballon par une corde, un poids assez considérable, dont l'aérostat se trouvait momentanément délesté, jusqu'à ce que, la corde étant tendue, le ballon reprît son poids primitif et redescendit.

Parmi les personnes qui préfèrent aux mécanismes plus ou moins compliqués des procédés physiques, on doit surtout nommer M. Duponchel, ingénieur des Ponts et Chaussées et M. Derval qui proposent d'injecter dans le ballon de la vapeur d'eau à 2 ou 3 atmosphères de pression, très chaude par conséquent et pouvant, par la dilatation artificielle obtenue ainsi, produire une dénivellation rapide. Ce système, comme celui de M. Boudet, est excellent : la vapeur d'eau est un corps inoffensif, dont l'emploi ne présente aucun danger, et qui possède une chaleur latente supérieure à celle de tous les corps facilement vaporisables. Il serait également à souhaiter qu'on en fît l'essai en grand.

Un dernier moyen, le plus impraticable de tous et que nous ne citons que pour mémoire, est celui du Corse Capazza qui fit beaucoup parler de son étrange système de ballon dirigeable, il y a quelques années. Ce moyen consistait à disposer une partie extensible, un *soufflet* à la partie équatoriale d'un aérostat et à provoquer l'ascension ou la descente du globe, en modifiant le déplacement d'air et le volume dudit soufflet. Inutile de dire que ce système, mis à exécution, n'aurait aucunement pu fonctionner.

Mais revenons aux ballons dirigeables.

Une invention bien singulière et que nous faillîmes expérimenter à nos dépens lors de nos débuts dans la carrière aérostatique, en 1878, alors que nous étions *élève volontaire* à l'Académie d'aérostation météorologique, fut celle d'un pauvre toqué nommé Cayrol-Castagnat, qui s'était baptisé *fondateur de la natation aérienne!* Sous un ballon de 125 mètres cubes de capacité, possédant un avant et un arrière constitués par des perches cousues dans l'étoffe, devait se trouver suspendu par la ceinture un nageur, muni de grandes ailes de toile dont il frapperait l'air pour entraîner le ballon, comme le ferait un oiseau suspendu au-dessous d'un aérostat équilibrant son poids. Le nageur pouvait prendre en l'air toutes les positions possibles et traîner le ballon à sa suite. Heureusement, il n'y eut jamais d'ascension libre du ballon *l'Avenir*, ce qui permit à l'inventeur de persister dans sa douce folie de faire apprendre à la jeunesse française les éléments de la natation aérienne, qu'il croit imperturbablement être la solution du grand problème.

Passons, n'est-ce pas, et disons quelques mots d'un autre système, dû à un ancien officier de marine, M. Annibal Ardisson.

Convaincu qu'il n'est aucunement besoin de forces motrices considérables, par ce fait qu'un aérostat chemine dans le sens vertical avec une grande vitesse sous la poussée de quelques kilogrammes seulement de rupture d'équilibre, M. Annibal Ardisson prétend qu'il est possible de se diriger en tous sens dans l'atmosphère, en munissant le ballon sphérique ordinaire d'un propulseur, supérieur comme rendement à l'hélice, et mû, soit à bras d'hommes, soit à l'aide de machines à vapeur de faible poids.

Le propulseur de M. Ardisson est certainement préférable, pour la navigation atmosphérique, à l'hélice si souvent préconisée. C'est une roue à pales quadrangulaires formées de forte toile tendue sur de légers cadres en fer. Ces palettes sont fixées, d'une part, sur l'arbre de couche, d'autre part, et pour éviter la dislocation du système, sur un cercle en fer mince. Cette roue ainsi constituée est entourée d'un tambour également en toile fendue sur des carreaux résistants, et ce tambour, mobile autour de son axe, laisse une ouverture en forme d'angle obtus, de 135° environ d'ouverture. Or, cette ouverture ne prenant que les 3/8 d'air libre, donne le courant-d'air le plus puissant à la poussée, laissant les 5/8 d'opposition nuls. C'est donc la force de réaction qui est mise à profit dans ce dispositif. La roue, tournant avec une grande rapidité dans son tambour, chasse l'air, et, par ce moyen, l'appareil est *repoussé* du côté opposé à l'ouverture du tambour.

Nous nous rappelons parfaitement avoir assisté à des expériences, en chambre close, du système de *roues à aubes à capuchon mobile*, de M. Ardisson. Un ballon de grandeur réduite portait deux de ces roues mues par un ressort d'horlogerie et il évoluait avec une rigoureuse précision suivant l'orientation donnée aux tambour mobiles contenant les propulseurs. Une expérience concluante devait être faite avec un ballon de 500 mètres cubes et une machine à vapeur de 5 chevaux de force, à Saint-Ouen, mais elle n'eut jamais lieu, — ce qui est à regreter, car on eût certainement obtenu des résultats intéressants, — l'inventeur étant mort depuis.

Nous avons parlé tout à l'heure des inventions de M. Capazza qui espérait se faire un renom d'inventeur émérite en portant à la connaissance du public, par les mille voix de la presse, les détails de construction d'un aérostat monstre, tout en métal, cubant 25 000 mètres, et d'une forme empruntée au projet d'un autre inventeur, le capitaine monténégrin Phérékyde.

Voici la description de ce futur monitor de l'atmosphère, empruntée à un journal enthousiaste des projets de M. Capazza.

« L'appareil (fig. 16) est composé de deux cônes
très aplatis, reliés à leur base par un soufflet annulaire.

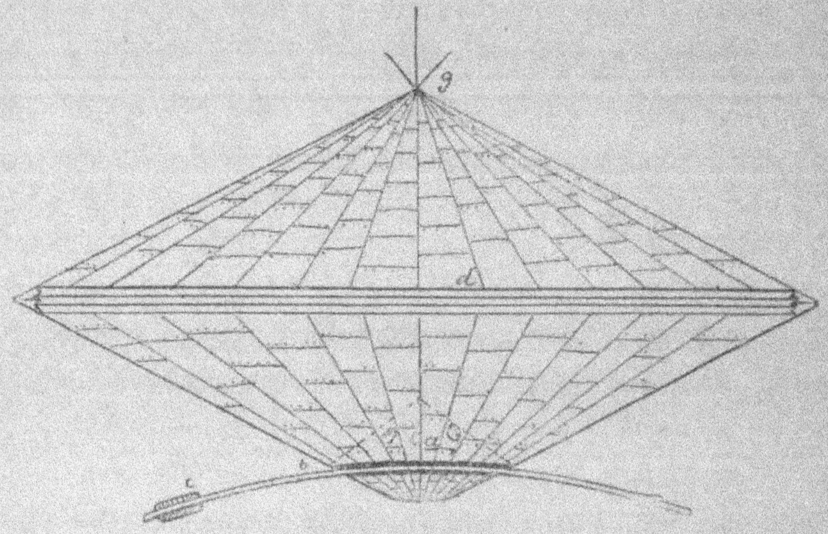

Fig. 16. — Vue d'ensemble de l'aérostat Capazza :
a, nacelle ; — b, chemin de fer ; — c, contrepoids ; — d, soufflet ;
g, paratonnerre.

La nacelle forme le sommet du cône inférieur. Le
tout est métallique, d'une étanchéité et d'une rigidité parfaites. Au moyen de poids on déplace le
centre de gravité et l'aérostat peut ainsi s'incliner vers
n'importe quel point de l'horizon.

« Pour monter un ballon ordinaire, qui plane dans

les airs, on peut le faire de deux manières, ou par la
dilatation, en conservant un même poids avec augmentation de volume ; ou bien en jetant du lest,
c'est-à-dire conservation du même volume et diminution de poids ; en un mot, un ballon monte ou
descend suivant que l'on augmente ou diminue sa
densité.

« Jamais on n'a pensé à garder le poids et à changer
de volume pour arriver au même résultat. Et si l'on
considère que l'on peut produire le même effet, en
augmentant le volume de 1 mètre cube, qu'en jetant
1 kilogramme de lest, on se trouve forcé de convenir
que depuis longtemps on tournait sans s'en douter
autour d'une précieuse vérité (!).

« Donc, monter et descendre sans déperdition aucune et profiter de ces ascensions et descentes pour
avancer au moyen d'inclinaisons combinées de son
aérostat : voilà l'œuvre de M. Capazza.

« Jusqu'à un certain point, M. Capazza, dans son
projet, semble être d'accord avec la nature.

« Ainsi l'hirondelle avec son corps mince et ses ailes
plus fines encore, son tout en forme de croix, s'abandonne souvent à la pesanteur, et sans agiter les ailes
parcourt jusqu'à 50 mètres verticalement, pour remonter ensuite à une hauteur presque égale au point
de départ.

« Et cela n'est que l'effet d'une cause très simple : la différence qui existe entre la surface de la projection verticale et la surface de la projection horizontale.

« Plus cette différence est grande et plus un corps progresse horizontalement étant donné une chute ou une ascension.

« Il est donc clair que la vitesse horizontale augmenterait si le vide existant, forcément, entre son corps et ses ailes était comblé : l'idéal à atteindre étant un disque infiniment mince, c'est-à-dire dont la différence des surfaces des projections verticale et horizontale soit la plus grande possible.

« Voilà pour les principes.

« Le ballon devant être absolument étanche, les surfaces développables des deux cônes seront formées au moyen de feuilles métalliques très minces, s'appuyant sur une charpente légère, dont les fermes croisées portent sur les cornières du pourtour et sur les parties centrales formant poinçon. L'intérieur des surfaces est tapissé d'une couche inconductrice de la chaleur pour empêcher la condensation du gaz, étant donné des changements brusques de température. On comprend de suite que le ballon rempli d'hydrogène devra offrir, et c'est là un obstacle sérieux, un grand volume et être d'un grand diamètre à l'équateur afin d'avoir une force ascensionnelle suffisante. »

Malheureusement la construction d'un semblable colosse aérien, qui n'aurait pas moins de 60 mètres de diamètre sur 22^m,50 de hauteur, paraît être une utopie, au point de vue de la construction.

Voici comment on peut se rendre compte du fonctionnement de l'invention ridicule de M. Capazza.

« Si nous supposons l'appareil à terre, chargé de son lest, ayant tout son monde à bord, et se trouvant alors en parfait équilibre, on conçoit qu'il suffira de le rendre moins lourd de quelques cents grammes pour qu'il s'élève. Or, si la pression intérieure, au moment du départ, est sensiblement égale à la pression barométrique extérieure, considérée au point où est le ballon, et, si, par la tige E à vis (fig. 16), au moyen d'un moteur, d'un treuil à main ou autrement, on éloigne tant soit peu entre eux les deux cônes AA, le volume du ballon augmentera et son poids restant le même, il se trouvera être moins lourd que le poids du volume d'air déplacé. Il s'élèvera donc avec une vitesse d'autant plus grande qu'aura été grande l'augmentation de son volume. A mesure qu'on s'élèvera, la pression extérieure dominant, l'appareil tendra automatiquement à augmenter de volume à cause de la pression intérieure, supérieure à la pression atmosphérique.

« Dès que cet aérostat, offrant à l'air par suite de sa

forme, la plus petite résistance possible, est mis en mouvement, la vitesse d'inertie vient s'ajouter à la force ascensionnelle, qui, dans le cas présent, se convertit en propulsion horizontale, et l'on arrive à obtenir de grandes vitesses sans moteur. Pour passer de la période ascensionnelle à la marche de haut en bas, on déplace les poids ; l'appareil s'incline vers le but à atteindre et s'y dirige, obéissant aux lois de la pesanteur, car on a soin de rendre son volume un peu plus petit. Et par des raisons inverses l'aérostat progresse comme il le fait durant l'ascension. Ainsi le rail courbe qui supporte les poids est un gouvernail agissant dans le sens vertical aussi bien que dans le sens horizontal. »

Tel était, en détail, le système de ballon de M. Capazza. On conviendra qu'il fallait que les personnes qui patronnaient le jeune inventeur ou lui faisaient une réclame continue dans des journaux plus ou moins compétents, eussent sur les yeux des écailles bien épaisses pour ne pas distinguer l'absurdité inconcevable d'un pareil projet. D'abord la construction d'un semblable monument métallique nous paraît fort problématique, à moins d'imaginer, pour soutenir les deux cônes, un système de fermes d'acier d'une grande résistance, et par conséquent fort lourdes.

De plus, comment éliminer l'électricité atmosphérique qui s'accumulera en quantité sur ce dôme immense de métal, comment remplir de gaz ce ballon monumental et rigide. Et quant à soulever le cône supérieur à l'aide d'un cabestan et d'une vis pour donner à l'aérostat une rupture d'équilibre plus ou moins considérable, c'est une de ces mauvaises plaisanteries qu'on ne peut admettre. En somme le *ballon lenticulaire Capazza* est une impossibilité scientifique et industrielle, qui a pu séduire quelques gogos et motiver des souscriptions dont le montant était employé à tout autre chose qu'à sa construction, mais ce n'est qu'une absurdité sur laquelle on aurait tort de s'étendre.

Mieux vaut analyser, pour terminer ce chapitre, le ballon de guerre dirigeable, imaginé en Amérique pendant ces années dernières, et qui n'a pas donné de meilleurs résultats que ses prédécesseurs[1]. Il est dû au général Russel Jhayer (de Philadelphie).

Le journal l'*American Register* qui, le premier, a donné le dessin de ce nouvel aérostat, dit qu'après des tentatives qui ont obtenu un plein succès, le Comité d'ordonnance des États-Unis a donné ordre à l'inventeur de commencer la construction d'un

[1] Voyez S. de Dree, *Aérostation militaire* (*Science et Nature*, 1883, t. IV, p. 392).

vaisseau aérien monstre qui sera certainement l'engin de destruction le plus formidable que la science moderne aura imaginé.

Ce ballon, qui aura une longueur de 65 pieds et un diamètre de 15, aura par conséquent une forme effilée et semblable à celle de l'aérostat dirigeable des frères Tissandier, c'est-à-dire qu'il sera symétrique à ses deux extrémités. Sa vitesse, absolument indépendante de celle du vent, pourra atteindre 30 milles à l'heure.

Le moteur et la force de propulsion de ce « vaisseau de guerre aérien dirigeable » sont des plus singuliers et peuvent à peine être pris au sérieux. C'est, à ce qu'il paraît, par la force de réaction d'un jet d'air comprimé lancé à l'arrière que le ballon avance. Cet air, dit l'*American Register*, auquel nous empruntons ces détails, est accumulé dans de vastes réservoirs, et sous une haute pression, par des pompes de compression spéciales qui restent à terre. Les cylindres d'air comprimé emportés par le ballon sont donc de véritables accumulateurs, mais il reste à savoir quelle est la véritable puissance qu'ils peuvent développer.

Le navire aérien du général Russel Jhayer est gouvernable en toutes directions : sur un cercle vertical et sur un cercle horizontal ; la force ascensionnelle du modèle actuellement en construction sera de 7 ton-

nes (soit un volume de 6400 mètres cubes environ),
et son prix ne dépassera pas, paraît-il, 10 000 dollars
(50 000 francs).

Le but du navire aérien est de permettre aux aéronautes, qui le monteront en temps de guerre, de laisser
tomber du haut de leur plate-forme volante des obus
et des projectiles chargés de dynamite en passant au-
dessus des villes assiégées, des places fortifiées ou des
flottes ennemies, afin de les incendier.

Mais il reste à savoir, maintenant si ce torpilleur
aérien sera meilleur, au point de vue de la direction,
que ses devanciers. Pour notre part, nous en doutons
fort — et pour cause.

Fig. 17 — Ballon de guerre

ricain, projet Russel Thayer

CHAPITRE III

LES BALLONS DIRIGEABLES A VAPEUR

On peut dire que la première tentative sérieuse et
vraiment rationnelle de navigation aérienne date seulement de l'année 1852, car ce fut à cette époque qu'un
inventeur mit à profit les principes les plus rigoureux
de la science pour édifier une construction aérienne.
Convaincu que les échecs successifs subis par tous les
systèmes précédemment essayés étaient dus surtout
à l'insuffisance de la force motrice et à la disposition
vicieuse des appareils, l'ingénieur Henri Giffard reprit
l'étude du problème, et, on peut l'affirmer hardiment.
ce fut lui qui ouvrit une ère nouvelle et féconde aux
recherches futures des esprits acharnés à la solution
pratique de la conquête de l'air et qui fit le mieux,
quoique créateur de la méthode.

Qu'était-ce donc qu'Henri Giffard?

Henri Giffard, né à Paris en 1825, était un de ces esprits d'élite comme il en surgit malheureusement trop rarement des couches profondes de la nation. Il fit ses études au collège Bourbon et les interrompit de bonne heure, — par force! Attaché en qualité de dessinateur aux bureaux du chemin de fer de Saint-Germain, à l'âge de dix-sept ans, son ambition était de conduire les premières locomotives et de les faire glisser sur les rails aussi vite qu'il le pouvait. Il y parvint, et il aimait, une fois son travail fini, à monter sur les machines pour sentir le rude contact du vent sur les trains marchant à grande vitesse. C'est quand il fut blasé de cette sensation qu'il songea à se mesurer avec les fils d'Éole dans le domaine dont la nature semble leur avoir donné l'empire exclusif. On peut dire que ce fut le premier inventeur de ballon dirigeable qui comprit la difficulté du problème et la nécessité de bien connaître le fluide à vaincre avant de construire quoi que ce fût.

M. Giffard commença donc par se familiariser avec le milieu aérien qu'il voulait dominer et il n'exécuta pas moins de dix ascensions successives à l'Hippodrome, les premières avec les frères Godard et les autres seul. Il fut même en butte à la jalousie des praticiens de l'air qui, pour se venger, lui jouèrent plus d'un tour. Un jour, voulant ouvrir la soupape de son ballon, M. Giffard s'aperçoit que les clapots ont été cloués ! Heureusement le vent était faible et aucun accident n'eut lieu quand l'aérostat, dégonflé par la condensation du soir, arriva à terre.

En même temps qu'il exécutait ces travaux préparatoires, le jeune homme, lié avec des élèves de l'École centrale, terminait son instruction technique. Familiarisé avec le labeur manuel, et doué, d'une persévérance rare, il étudiait sur les cahiers de ses amis, suivait de chez lui les mêmes cours, se formait seul et devenait, sans diplôme, ingénieur en même temps qu'eux. Il comprit alors que la fantaisie doit être sévèrement bannie des constructions aériennes : que la forme de chaque agrès, le poids de l'enveloppe et sa résistance doivent être calculés aussi rigoureusement que s'il s'agissait d'une tôle destinée à former la chaudière d'une locomotive, et il résolut d'appliquer scientifiquement, dans ses appareils futurs de navigation aérienne, tous les principes de la physique et de la haute mécanique avec lesquels ses études l'avaient familiarisé.

Ce fut alors, qu'avec l'aide de deux de ses amis, MM. David et Sciama, anciens élèves de l'École centrale, M. Giffard se mit à l'œuvre et qu'il parvint à construire et à essayer, en 1852, un ballon muni d'un propulseur, en forme d'hélice, mû par une machine à vapeur. A force de courage et de persévérance, et avec leurs seules ressources, ces trois jeunes gens parvinrent à édifier ce ballon, dont le cube était de 2500 mètres, et ce fut le 24 septembre 1852 que l'expérience eut lieu, de l'Hippodrome comme lieu de départ. Émile de Girardin rendit compte, dans un des rares articles pleins de cœur qu'il écrivit, de cette expérience. Nous empruntons à *la Presse* de l'époque le récit de cette mémorable ascension :

« Hier, vendredi 24 septembre 1852, un homme qu'on peut appeler à juste titre le Fulton de la navigation aérienne, est parti, imperturbablement assis sur le tender d'une machine à vapeur, enlevée par un aérostat ayant la forme d'une immense baleine ; navire aérien pourvu d'un mât servant de quille et d'une voile tenant lieu de gouvernail.

« Il est parti de l'Hippodrome ; c'était un beau et dramatique spectacle que celui de ce soldat de l'idée, affrontant, avec l'intrépidité que l'invention communique à l'inventeur, le péril, peut-être la mort, car, à l'heure où j'écris ces lignes, j'ignore encore si la descente a pu s'opérer sans accident, et comment elle a pu s'opérer. Le courage porte bonheur. J'espère qu'il aura réussi cette descente et qu'elle se sera accomplie assez heureusement, pour qu'une nouvelle expérience, recommencée par M. H. Giffard, puisse avoir lieu sans retard, aux acclamations d'un public sympathique assez considérable, pour faire rentrer les trois jeunes ingénieurs dans une partie des avances dont ils portent péniblement le poids.

« En assistant à cette audacieuse épreuve, je faisais deux réflexions d'une nature opposée.

« Je me disais : Comment tous les inventeurs ne se réunissent-ils-pas, et ne forment-ils pas une vaste société d'assurance mutuelle où le risque serait évalué ou centralisé au moyen d'une retenue du dixième ou du cinquième versé dans une caisse centrale ; il suffirait qu'un inventeur, sur dix inventeurs, ou qu'un perfectionnement, sur dix perfectionnements, donnât des bénéfices, pour que ces bénéfices permissent de faire certaines expériences et certaines avances, conformément aux termes des statuts qui auraient été délibérés et adoptés par la majorité de l'universalité des inventeurs.

« Si cette Société d'assurance mutuelle entre inventeurs existait, nul doute qu'elle n'obtînt de l'État la restitution annuelle des sommes perçues par lui en paiements des brevets qu'il déclare à cette mention spéciale : *Sans garantie du gouvernement.*

« Ce serait justice, car si le gouvernement ne garantit rien, pourquoi donc frappe-t-il d'un impôt les conceptions de ces martyrs volontaires du progrès, que poursuit sans relâche l'esprit d'invention?

« N'est-ce donc pas assez qu'ils se consument dans les veilles et les privations, et que souvent cet esprit d'invention et de perfectionnement leur coûte non seulement la santé, mais encore la fortune?

« Le gouvernement, qui n'hésite pas, le jour d'une fête, à dépenser 900 000 francs en mâts ornés de drapeaux et en feux d'artifice, ne peut-il ouvrir un crédit d'un million pour hâter la solution du problème de la navigation aérienne?

« Est-il pour la France une solution plus importante?... La navigation atmosphérique à vapeur peut changer toutes les conditions relatives de puissance continentale et militaire. On comprend, en effet que toutes les combinaisons de guerre seront changées le jour où, au lieu de lancer certains projectiles, il n'y aura plus qu'à les laisser tomber au milieu d'un carré d'infanterie. Et ce n'est là qu'un des points par lesquels cette navigation s'élève à la hauteur d'une immense question politique.

« Ce qui explique la place donnée ici à ces réflexions sommaires et rapidement écrites. »

Cet article se terminait par la description suivante de l'aérostat, due à Henri Giffard lui-même :

« L'appareil aéronautique dont je viens de faire

l'expérience a présenté, pour la première fois dans l'atmosphère, la réunion d'une machine à vapeur et d'un aérostat d'une forme nouvelle et convenable pour la direction.

« Cet aérostat est allongé et terminé par deux pointes, il a 12 mètres de diamètre au milieu, et 44 mètres de longueur; il contient environ 2500 mètres cubes de gaz; il est enveloppé de toutes parts, sauf à la partie inférieure et aux pointes, d'un filet, dont les extrémités ou pattes-d'oie, viennent se réunir à une série de cordes fixées à une traverse horizontale, en bois, de 20 mètres de longueur; cette traverse porte à son extrémité une espèce de voile triangulaire, assujettie par un de ses côtés à la dernière corde partant du filet, et qui lui tient lieu de charnière ou axe de rotation.

« Cette voile représente le gouvernail et la quille; il suffit, au moyen de deux cordes qui viennent se réunir à la machine, de l'incliner de droite à gauche pour produire une déviation correspondante à l'appareil et changer immédiatement de direction.

« A défaut de cette manœuvre, elle revient aussitôt se placer d'elle-même dans l'axe de l'aérostat, et son effet normal consiste alors à faire l'office de quille ou girouette, c'est-à-dire à maintenir l'ensemble du système dans la direction du vent relatif.

« A 6 mètres au-dessous de la traverse, sont suspendus la machine à vapeur et tous ses accessoires.

« Elle est posée sur une espèce de brancard en bois,
dont les quatre extrémités sont soutenues par des
cordes de suspension, et dont le milieu, garni de

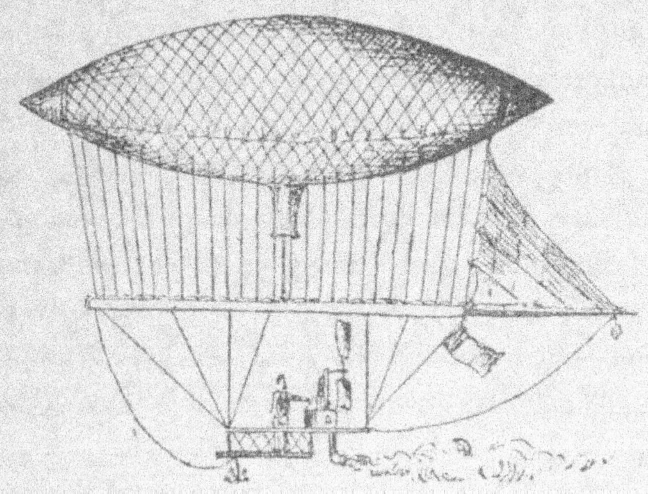

Fig. 18. — Le ballon à vapeur de Giffard, 1852.

planches, est destiné à supporter les personnes et
l'approvisionnement d'eau et de charbon.

« La chaudière est verticale et à foyer intérieur
sans tubes; elle est entourée extérieurement, en partie, d'une enveloppe en tôle qui, tout en utilisant
mieux la chaleur du charbon, permet aux gaz de la
combustion de s'écouler à une plus basse température;

la cheminée est dirigée de haut en bas, et le tirage s'y opère au moyen de la vapeur, qui vient s'élancer avec force à la sortie du cylindre, et qui, en se mélangeant avec la fumée, abaisse encore considérablement sa température, tout en la projetant rapidement dans une direction opposée à celle de l'aérostat.

« Le charbon brûle sur une grille complètement entourée d'un cendrier, de sorte qu'il est impossible d'apercevoir extérieurement la moindre trace de feu. Le combustible employé est du coke.

« La vapeur produite dans la chaudière se rend par un tube muni d'un robinet au moteur proprement dit. Ce moteur se compose d'un cylindre vertical dans lequel se meut un piston qui, par l'extrémité d'une bielle, fait tourner l'arbre coudé placé au sommet.

« Cet arbre porte à son extrémité une hélice à trois palettes de 3^m,40 de diamètre, destinée à prendre le point d'appui sur l'air et à faire progresser l'appareil. La vitesse de l'hélice est d'environ cent dix tours par minute, et la force que développe la machine pour la faire tourner est de 3 chevaux, ce qui représente la puissance de vingt-cinq à trente hommes.

« Le poids du moteur proprement dit, indépendamment de l'approvisionnement et de ses accessoires, était de 100 kilogrammes pour la chaudière et de 50 kilogrammes pour la machine; en tout, 150 kilogrammes, ou 50 kilogrammes par force de cheval, ou bien encore 5 à 6 kilogrammes par force d'homme, de sorte que s'il avait fallu obtenir le même effet mécanique à bras d'homme, il aurait fallu enlever vingt-cinq à trente individus, représentant un poids moyen de 1800 kilogrammes, c'est-à-dire un poids douze fois plus considérable, et que l'aérostat n'aurait pu porter.

« De chaque côté de la machine étaient deux bâches, dont l'une contenait le combustible et l'autre l'eau destinée à remplacer dans la chaudière, celle qui disparaissait par l'évaporation. Une pompe, mue par la tige du piston, servait à refouler cette eau dans la chaudière. Cette dépense d'eau remplaçait, circonstance intéressante, le lest des aéronautes. Ce lest d'un nouveau genre avait pour effet, étant dépensé graduellement par la disparition de l'eau en vapeurs, de délester peu à peu l'aérostat, sans qu'il fût nécessaire d'avoir recours à des projections de sable, ou à tout autre moyen que l'on emploie dans les ascensions ordinaires.

« L'appareil moteur était monté tout entier sur quelques roues, mobiles en tout sens, ce qui permettait de le transporter facilement à terre.

« Gonflé avec le gaz d'éclairage, l'aérostat à vapeur de M. Giffard avait une force ascensionnelle de 1800 kilogrammes environ, distribués comme il suit :

Aérostat avec la soupape.	320^{kg}
Filet.	150
Traverses, cordes de suspension, gouvernail, cordes d'amarrage.	300
Machine et chaudière vide.	150
Eau et charbon contenus dans la chaudière au moment du départ.	60
Châssis de la machine, brancard, planches, roues mobiles, bâches à eau et à charbon.	420
Corde traînante pour arrêter l'appareil en cas d'accident.	80
Poids de la personne conduisant l'appareil.	70
Force ascensionnelle nécessaire au départ.	10
TOTAL.	1560^{kg}

« Il restait donc à disposer d'un poids de 240 kilogrammes, que l'on avait affecté à l'approvisionnement d'eau et de charbon, et par conséquent de lest. »

M. Giffard, trouvant cette première expérience trop dangereuse pour risquer la vie d'une autre personne, partit seul. Au lieu de crier le traditionnel *lâchez tout*, il fit siffler sa machine et le ballon monta. Mais le vent, ce jour-là, était trop violent pour que le ballon pût le vaincre, et l'aérostat ne put que dévier et louvoyer dans la direction du courant aérien. La nuit étant venue, le courageux ingénieur éteignit le feu avec du sable, puis, ouvrant tous les robinets, il laissa échapper la vapeur. Aucun accident n'eut heureusement lieu à la descente qui s'opéra dans l'obscurité la plus complète.

Le ballon à vapeur n'étant point revenu à son point de départ, les corps savants ne firent aucune attention à l'expérience, et, en 1870, dans un pressant danger public, ce fut à la main de l'homme que M. Dupuy de Lôme demanda la force motrice que la machine de Giffard eût donné à la patrie.

L'Hippodrome n'ayant pu continuer à fournir le gaz nécessaire au gonflement du ballon, M. Giffard dut interrompre ses coûteux essais après une seule expérience. Il en revint à la mécanique et ce fut peu de temps après qu'il imagina, sur une vague indication d'un célèbre mécanicien, l'injecteur à vapeur, qui permit de supprimer les pompes alimentaires de toutes les machines motrices, et remporta les plus hautes récompenses honorifiques de l'époque.

Le grand ingénieur devint plusieurs fois millionnaire : il put alors reprendre l'étude de la navigation aérienne qu'il avait un moment abandonnée. En 1855, il fit construire un autre ballon, de dimensions encore plus considérables que le premier et beaucoup plus allongé. Il ne mesurait pas moins de 3200 mètres cubes de capacité et 70 mètres de longueur. Le système de suspension était plus étudié, le moteur était plus puissant et le propulseur mieux disposé.

Le départ eut lieu de l'usine à gaz de Courcelles et, cette fois, M. Giffard emmena un aide avec lui : M. Gabriel Yon. Le vent, ce jour-là, était encore plus fort malheureusement que la vitesse propre de l'aérostat qui fut entraîné. Cependant, on poussa la tension de la vapeur aux dernières limites et, à plusieurs reprises, le ballon tint tête au courant.

Mais, par suite de la mauvaise disposition du propulseur dont l'effort s'exerçait sur la nacelle, l'avant du ballon se redressa, tandis que le filet de suspension glissait sur l'arrière... Les deux expérimentateurs n'eurent que le temps d'ouvrir en grand la soupape et de regagner la terre au milieu de torrents de vapeur et de fumée. Au moment où la nacelle touchait le sol, le ballon tout à fait délivré de son filet s'échappait et s'enfuyait dans la nue !

M. Giffard n'abandonna pas l'étude de la navigation aérienne, malgré ces deux échecs. Il comprit qu'il fallait encore étudier l'art des constructions aéronautiques, et ce fut dans ce but qu'il construisit successivement les ballons captifs de Paris, 1867 (5000 mètres cubes), 1878 (25 000 mètres cubes), et de Londres (11 500 mètres cubes).

Ces grandes constructions aérostatiques auxquelles il s'était vaillamment exercé devaient lui permettre de réaliser le rêve de toute sa vie, de reprendre sa grande expérience de 1852, et d'apporter enfin au monde la solution définitive du problème de la direction des aérostats. Il avait conçu un projet grandiose, celui de la construction d'un aérostat de 50 000 mètres cubes, muni d'un moteur très puissant actionné par deux chaudières, l'une à gaz du ballon, l'autre à pétrole, afin que les pertes du poids de force ascensionnelle pussent s'équilibrer. La vapeur d'eau formée par la combustion aurait été recueillie à l'état liquide dans un condensateur à grande surface, de manière à équilibrer les pertes d'eau de la chaudière. Tout était calculé, tout était prêt, jusqu'au million qui devait lui permettre de l'exécuter, et que l'illustre ingénieur tenait toujours en réserve dans quelques-unes des grandes maisons de banque de Paris. D'autres projets germaient encore dans son cerveau : voiture à vapeur, locomotive à très haute pression, bateau à grande vitesse ; conceptions puissantes, étudiées avec une patience et une persévérance à toute épreuve et marquées au sceau du génie.

Mais au-dessus de la volonté et de la prévoyance humaines, il y a les lois fatales de la destinée, et les plus forts doivent s'y soumettre. La maladie est venue lutter contre les efforts du grand inventeur, sa vue s'affaiblit ; il lui fut bientôt impossible de lire ou d'écrire, il en ressentit une douleur extrême. Il y avait un peu de l'athlète dans l'âme de Giffard ; il était inconsolable de se sentir vaincu. Il s'enferma, et lui qui avait tant aimé la lumière, l'indépendance et l'action, il vécut dans la solitude et s'éteignit graduellement.

Avec Giffard disparut l'idée de la navigation aérienne à vapeur qui n'a été reprise qu'au cours de ces années dernières par M. Yon, son élève et son passager. A la suite d'un article de M. Napoli prétendant que l'électricité était une force motrice supérieure à tous points de vue à la machine à vapeur, les chercheurs abandonnèrent ce moteur auquel on sera, tôt ou tard, obligé de revenir.

On parla beaucoup en 1876 et 1878 d'un projet de ballon dirigeable dû à un pauvre ouvrier mécanicien nommé Debayeux. Nous nous rappelons même avoir assisté aux expériences d'un petit modèle, fonctionnant assez bien dans un local fermé, et qui eut la chance d'être reconstruit en grand. En voici la description :

Cet aérostat a la forme d'un cylindre terminé par une demi-sphère à chacune de ses extrémités. Un filet entourant cet énorme boudin soutient deux montants en fer en forme d'échelle, aux échelons de la-

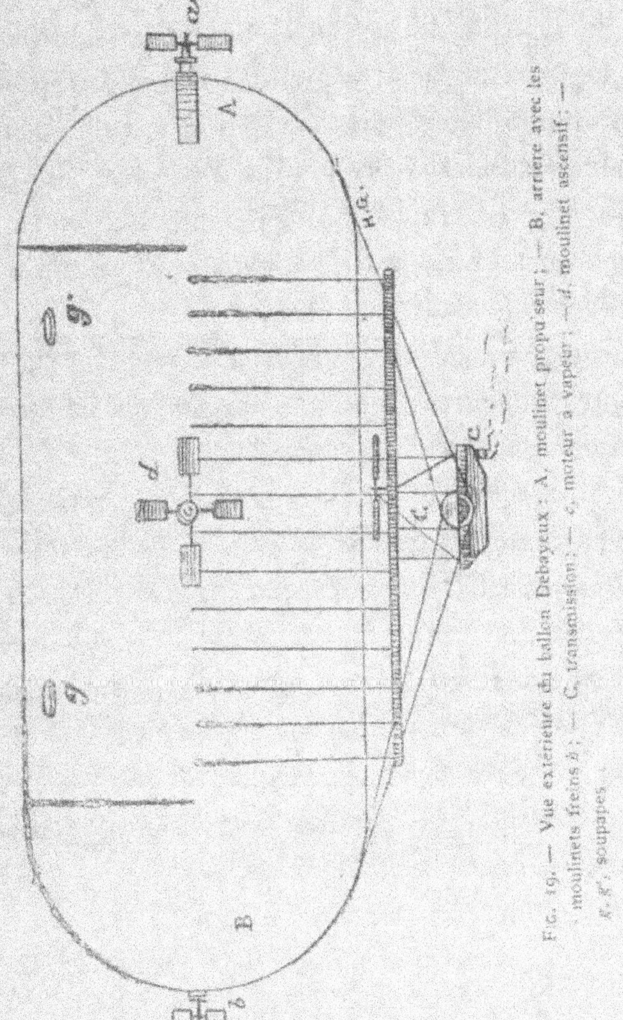

FIG. 19. — Vue extérieure du ballon Debayeux : A, moulinet propulseur ; — B, arrière avec les moulinets freins *b* ; — C, transmission ; — *c*, moteur à vapeur ; — *d*, moulinet ascensif ; — *g, g'*, soupapes.

quelle est suspendue la nacelle, de forme allongée et contenant un moteur à vapeur qui sert à faire tourner une sorte de moulinet à quatre ailes placé à l'avant du ballon et dans son axe.

Le système de M. Debayeux est basé sur la raréfaction de l'air dans l'air, et le moulinet peut produire une diminution de pression d'un cinquième d'atmosphère à l'avant du ballon qui peut avancer, par ce fait, avec une rapidité considérable, et dont on peut juger quand on sait que le plus violent des ouragans, qui déracine les arbres et renverse les édifices, et dont la vitesse est de 50 mètres par seconde ou 180 kilomètres à l'heure, n'a qu'une pression de 27/100 d'atmosphère !

« L'expérience, dit un partisan du système Debayeux, prouve que le moulinet agit de trois manières à la fois : en produisant un vide partiel devant le ballon ; en aspirant l'air et en le projetant du centre à la circonférence, de sorte que l'aérostat est soustrait à la pression de l'air ; enfin en formant par le rayonnement de l'air chassé une sorte de chemise protectrice au ballon, et capable de former une barrière puissante contre les vents obliques.

« L'inventeur, continue l'écrivain cité, est loin d'avoir la prétention de voguer à grande vitesse dès les premières expériences. Il veut s'élever d'abord par un temps calme, étudier la force de ses engins et distinguer ce qui serait hardiesse de ce qui serait folie.

Pour descendre, deux moulinets placés sous le ballon lui permettent de descendre sans perdre un atome de gaz, et de se maintenir à une altitude régulière. Pour arrêter, un moulinet placé à l'arrière sert de frein. Pour gouverner, deux petits moulinets sont placés en X de chaque côté, le principe de raréfaction étant appliqué à toutes les manœuvres. Enfin, tous ces moulins sont mis en mouvement par le même moteur, indépendamment les uns des autres et à l'aide de câbles de transmission spéciaux. »

Le ballon Debayeux fut construit avec de grandes dimensions avec tous ses moulinets et sa machine à vapeur dans un hangar situé à Villeneuve-Saint-Georges. Il était tout en baudruche double et mesurait près de 3000 mètres cubes de capacité. On le gonfla deux fois d'hydrogène pur, mais à chaque fois le départ ne put s'opérer pour une raison ou pour une autre. Finalement, la société financière qui patronnait l'ancien ouvrier mécanicien fut mise en faillite et le matériel vendu, sans qu'aucune expérience fût venue démontrer la valeur ou l'absurdité des moulinets de M. Debayeux.

En même temps qu'en France, on s'occupe, il est bon de le dire, d'aérostats dirigeables à l'étranger.

Nous avons parlé du ballon lenticulaire du capitaine Phérékyde.

Fig. 20. — Ballon à v

... M. Wœlfert (p. 224).

En Russie, M. Kostovits [1], officier russo-serbe, construit actuellement un aérostat gigantesque qui, prétend-il, doit être des plus dirigeables et marcher à la vitesse de 40 milles allemands à l'heure.

Cet aérostat fusiforme peut soutenir une longue nacelle apte à recevoir seize passagers et du lest en quantité considérable. Il ne mesure pas moins de 80 mètres de longueur. Ce ballon monstre est sur les chantiers d'Okta à quelque distance de Saint-Pétersbourg, où il a été construit sous la haute protection du prince grand amiral Alexis, qui aide puissamment le constructeur.

M. Kostovits a fait d'ailleurs une autre découverte digne d'intérêt, c'est celle d'un appareil pouvant fournir en huit minutes les 300 mètres cubes d'hydrogène nécessaires pour gonfler un petit ballon captif que retient une corde de 300 mètres. Cet aérostat porte sous sa nacelle une lampe électrique dont les rayons peuvent être occultés par un obturateur. Les signaux employés, éclats longs et éclats courts, pour figurer les traits et les points de l'alphabet Morse, sont aperçus à plus de 10 milles géographiques.

En Italie, plusieurs projets ont surgi dans le courant de ces dernières années. L'un des plus intéres-

[1] *Science et Nature.*

sants était celui du professeur au lycée de Rovigo, M. Pietro Cordenons, qui, à l'aide de quelques subventions, est parvenu à faire construire et à essayer une « aéronave » de son invention, laquelle n'est autre chose qu'un ballon allongé comme celui de Giffard, avec une hélice fixée à la poupe et un gouvernail triangulaire attaché à la nacelle.

Le moteur de cette hélice était une chaudière renfermant du gaz ammoniac liquéfié qui, après avoir agi sur les deux faces des pistons, venait se dissoudre dans l'eau d'un bain-marie qu'il échauffait et dans lequel était plongé la chaudière. Ainsi, par un cycle très curieux, le gaz ammoniac était à la fois fluide moteur et combustible. Mais cette invention ingénieuse n'a pas suffi à rendre pratique le système du digne professeur, et, pas plus que ses devanciers, le « dirigeable » Cordenons ne s'est dirigé.

En Amérique, on a essayé dans le Connecticut un ballon cylindrique pourvu d'une hélice tournant à raison de deux mille tours par minute, et il paraîtrait que cet aérostat a pu tenir tête au vent pendant plus d'une heure. Puis, la machine venant à faiblir ou le courant à grandir, l'appareil tout entier a été emporté par la force de la bourrasque.

En Allemagne, on s'est également remué, et les lourds Teutons croient avoir fait beaucoup mieux que les aéronautes militaires de Meudon. En somme le système de M. Wolf ou Wœlfert[1], que représente notre figure 20, diffère surtout de celui des aéronautes français en ce que l'hélice de propulsion, au lieu d'être placée sous le ballon, est montée à l'avant dans un cadre en bois où elle reçoit directement du moteur à vapeur son mouvement de rotation.

Le cadre du gouvernail se meut sur des pivots au moyen de cordages qui traversent le ballon et sont mis en jeu par une manivelle placée dans la nacelle. Ces cordes passent à leur sortie dans des tuyaux extensibles, de façon à prévenir une déperdition de gaz. Le ballon, d'une longueur de 30 mètres, terminé en pain de sucre à ses deux extrémités, se compose d'une enveloppe de forte toile à voile, et au lieu du filet ordinaire dont il est pourvu, il est maintenu par un agencement de cerceaux intérieurs. Son remplissage s'opère au moyen d'un ventilateur actionné par une manivelle et muni d'un tuyau conducteur en toile.

Le plus grand diamètre de l'aérostat est de 8 mètres et le plus petit de 4. Son cubage est de 750 mètres cubes et son poids total de 500 kilogrammes.

Il porte à l'intérieur un ballonnet régulateur de la

[1] S. de Drée. *La Navigation aérienne* (*Science et Nature*, 1885, t. IV, p. 321).

tension du gaz, au moyen d'une soupape de sûreté automatique dont il est muni. Le grand ballon porte lui-même deux soupapes de sûreté s'ouvrant également automatiquement sous une pression d'un quart d'atmosphère, en sorte qu'ancune rupture n'est à redouter. La nacelle, construite en fer forgé en T et entourée d'un treillage métallique, contient une petite chaudière à vapeur chauffée à l'alcool et peut porter, en outre, deux personnes et le lest nécessaire. La chaudière réglée à 12 atmosphères est reliée par un tuyau en caoutchouc à deux petites machines à vapeur conjuguées, placées dans le cadre du gouvernail à l'avant.

La force totale est de 3 chevaux-vapeur.

Sous le ballon est placé un poids mobile dont le rôle est d'équilibrer le ballonnet. La nacelle est placée à 4 mètres en dessous de l'aérostat et à 10 mètres de sa pointe antérieure.

La direction est obtenue par l'inclinaison de l'hélice pivotant à 75° de droite à gauche avec son cadre. L'inventeur prétend assurer sa marche, même contre un vent debout de 6 mètres à la seconde. L'appareil a coûté 10000 marks ou 12500 francs.

Dans les ascensions qu'il a faites avec son ballon, M. Wolf prétend s'être dirigé, ce qui ne l'a pas empêché de commander un nouveau moteur de 5 chevaux de force à l'usine Schwartzkopf, de Berlin. On peut donc se rassurer : ce n'est pas encore cet aéronaute qui nous devancera dans les airs.

Revenons-en donc aux dernières tentatives françaises :

Reprenant la suite des études interrompues par la mort de son maître et ami Henri Giffard, M. L. Gabriel Yon, le savant ingénieur-aéronaute, des travaux de qui nous avons déjà eu plusieurs fois l'occasion de nous occuper, a fait connaître, en 1880 et 1886, deux aérostats dirigeables à vapeur très remarquables et qu'il serait à désirer de voir mettre à exécution le plus tôt possible.

Ancien collaborateur de Giffard en 1855 et de Dupuy de Lôme en 1872, M. Yon, profitant de l'expérience acquise dans ces travaux antérieurs, décrit un modèle de démonstration cubant 1200 mètres [1], recou-

---

[1] « J'ai dû, dit M. Yon, choisir la forme ovoïde avec ballonnet intérieur équilibreur de pression. J'ai porté la longueur de l'aérostat jusqu'à cinq fois son diamètre, mais en transformant radicalement la partie inférieure que je termine par un deuxième ballon de forme triangulaire.

« Le tout est recouvert d'une chemise, en étoffe de soie, fixée sur l'arête supérieure par des boutonnières élastiques. Cette chemise est renforcée, de place en place, par des rubans de consolidation et vient aboutir, de chaque côté, à un plan d'étoffe double formant carène, par sa jonction, sur une perche longitudinale figurant la quille. Ladite chemise sert de suspension générale à tous les organes mécaniques, en supprimant complètement l'ancien filet habituel.

« Le ballonnet à air comporte également en son milieu une soupape

vert d'une housse de suspension, pourvu d'une poche
à air et muni de deux hélices propulsives mues par
une machine à vapeur de 13 chevaux de force. Différent en cela de M. Giffard, M. Yon applique ses
hélices le plus près possible du centre de résistance,
c'est-à-dire de chaque côté et un peu au-dessous du
ballon porteur, et il chauffe sa chaudière avec des
hydrocarbures liquides [1].

automatique a double effet, obéissant sous 0^m,020 d'eau, pression plus
que suffisante pour refouler une colonne de gaz jusqu'aux brûleurs du
foyer de a machine ; elle sert en même temps de régulateur, en donnant toujours une tension égale a l'étoffe du ballon.

« La perche longitudinale formant quille porte, de chaque côté, en son
milieu, deux douilles a rotules recevant chacune une perche transversale.
Les perches transversales, accouplées deux par deux, présentent une
chape aux arbres des hélices et a leurs poulies de transmission.

« Ces deux chapes, placées l'une a gauche et l'autre a droite de l'aérostat, sont elles-mêmes soutenues horizontalement, par leurs extrémités,
au moyen d'une suspension de cordages en soie, terminée par un réseau
de caoutchouc destiné a laisser une élasticité relative dans l'allongement
vertical. Ce réseau de caoutchouc vient se relier a une série de pattes
d'oie qui en reportent l'effort bien également a l'équateur, sur les bâton-
nets récepteurs des rubans de consolidation de la chemise. Un haubanage
horizontal, composé de huit petits câbles en fil d'acier, rend le tout soli-
daire avec la grande perche et en complète dans ce sens la rigidité
absolue.

[1] « Le moteur du système Compound est a très grande détente ; il est
pourvu d'un condenseur, par surface et a air, desservi par deux puissants ventilateurs.

« La chaudière est tubulaire, du type à foyer intérieur, avec tubes
en prolongement.

« Le foyer est alimenté sous pression d'air avec des brûleurs à hydro-
carbure liquide ; ces brûleurs sont également appropriés pour servir a
la combustion de l'hydrogène pur provenant du ballon.

« L'air est amené aux brûleurs dès sa sortie du condenseur. Une autre

FIG. 21. — Projet de grand ballon à va...

grande vitesse, de M. L. Gabriel Yon.

En partant de ce principe et en employant un aérostat de 30 mètres de diamètre et 150 mètres de longueur, soit en chiffres ronds 60000 mètres, on obtiendrait une puissance ascensionnelle de 70000 kilogrammes.

« Tout le système ramené en mètres carrés de plan mince n'atteindrait pas *40 mètres*, ce qui, à une vitesse de *60 kilomètres à l'heure*, chiffre près de trois fois supérieur au vent moyen relevé pendant le courant d'une année dans nos climats, exigerait en chevaux de 75 kilogrammètres, *600 chevaux* : soit.

partie du volume, débitée par les ventilateurs, et prise à la volonté de l'aéronaute, soit avant ou après son passage dans les tubes de condensation, est refoulée jusqu'au ballonnet compensateur qui en rejette l'excès par la soupape régulatrice de pression à double effet, la déverse ensuite entre la poche inférieure triangulaire et la chemise de suspension, d'où elle retourne dans l'atmosphère par des trous circulaires destinés à lui livrer passage.

« Le complément ayant servi à la condensation de la vapeur est rejeté directement au dehors, dès la sortie des tubes réfrigérants. Le foyer est entièrement clos, et la distribution des hydrocarbures et de l'oxygène nécessaires à leur combustion ainsi que la sortie des gaz de cette dernière sont complètement enveloppées par des toiles métalliques à l'instar des lampes Davy perfectionnées.

« Tous les mouvements mécaniques, la roue de commande des drisses du gouvernail, les cordes des soupapes de sûreté et la robinetterie de chauffe se trouvent à la portée de l'aéronaute.

« Le parcours sera toujours, cela se comprend, subordonné à la quantité de combustible emporté. D'après les calculs et les expériences de M. Dupuis de Lôme, on peut compter qu'un semblable aérostat pourra séjourner au maximum vingt-deux heures en l'air, et qu'il sera doué, en air calme, d'une vitesse de 40 kilomètres à l'heure ou 11 mètres par seconde. »

pour le poids complet de l'aérostat, machine, combustible et aéronautes, 66000 kilogrammes ; soit enfin soixante personnes pouvant être transportées en *vingt-huit heures*, à raison de 60 kilomètres à l'heure ; avec 50 kilomètres à l'heure seulement, deux cent quarante personnes en cinquante et une heures ; avec 40 kilomètres à l'heure seulement, trois cent trente personnes et cent heures.

« On m'objectera très probablement, ajoute M. G. Yon, que la navigation aérienne par le plus lourd que l'air donnerait des vitesses supérieures ; mais on me permettra de faire observer, qu'étant donné l'état actuel de la science et en y comprenant les ressources mécaniques dont on peut disposer, il serait peut-être téméraire de tenter un essai (en le supposant possible) sans se précautionner de ce que j'appellerai ici : *mon flotteur de sûreté.* »

En 1886, à l'époque où le savant ingénieur construisait pour les puissances étrangères ses parcs aérostatiques complets, il donna la description d'un autre ballon dirigeable à vapeur devant servir de torpilleur aérien, mais qui n'a pas été construit jusqu'à présent, quoique sa disposition générale n'ait rien que de très rationnel. Comme dans l'aérostat dont nous venons de nous occuper, M. Yon a supprimé le filet qu'il a remplacé par une chemise de soie ; il a donné la forme ovoïde au ballon porteur et l'a muni d'une poche à air ; enfin la machine motrice est toujours chauffée par l'essence de pétrole et le gaz du ballon De plus, la vapeur est liquéfiée dans un condenseur spécial à grande surface et à air, et c'est la même eau qui sert continuellement.

L'emplacement de l'hélice a été déterminé par la nécessité d'appliquer la puissance le plus près possible du centre de résistance, lequel correspondrait à celui de l'appareil proprement dit ; comme cette application avec une seule hélice est difficile pour ne pas dire impossible, la place la plus rationnelle se trouve être entre la nacelle et le ballon. Cette position, outre l'avantage qu'elle a de placer l'hélice dans la verticale passant par le centre de gravité du système, permet la transmission de l'effort de poussée dans la partie la plus rigide de la suspension et l'emploi d'une hélice de grand diamètre à grande surface d'aile et à petit nombre de tours, ce qui, à notre avis, est le plus sûr moyen d'obtenir un rendement normal.

Le moteur se compose d'une machine à vapeur à grande vitesse, du système Compound à triple expansion et du genre dit à pilon ; l'avantage de ce type de moteur étant de reporter sur la verticale toutes les vibrations provenant de la marche de ses organes, ce qui permet d'éviter tout mouvement de lacet au système.

L'emploi judicieux qui a été déjà fait de ce nou-

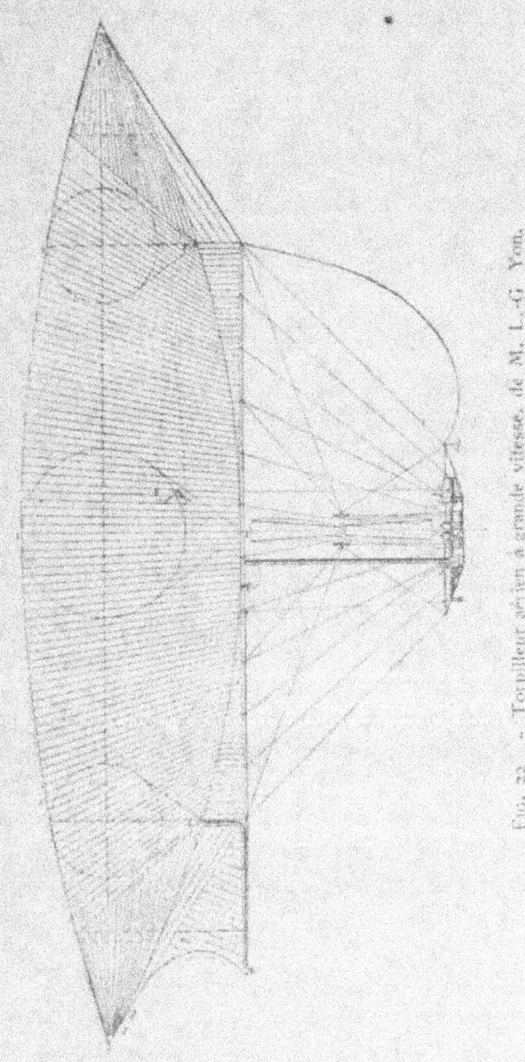

Fig. 22. — Torpilleur aérien à grande vitesse, de M. L.-G. Yon.

veau genre de machine dans les torpilleurs français
et étrangers me dispense de m'y étendre plus lon-

guement, et il suffira de dire que l'on est parvenu actuellement à en ramener le poids à moins de 35 kilogrammes par cheval, chaudière, machine et condenseur compris.

Enfin, voici, pour terminer, quelques chiffres sur les dimensions, la résistance à l'avancement, la vitesse, etc., de ce terrible engin de guerre :

Vitesse absolue en air calme, à l'heure.	40^{km}
Longueur du ballon.	60^{m}
Diamètre du ballon.	10
Hauteur du ballon.	$13^{m},533$
Section du maître couple.	88^{mq}
Surface totale de l'aérostat.	1450^{m}
Volume de la poche à air.	500
Cube total de l'aérostat.	2000
Effort ascensionnel correspondant.	3200^{kg}
Vitesse de l'aérostat par seconde.	$11^{m},111$
Section de l'aérostat $\frac{88}{8}$ de plan mince.	11
Coefficient de résistance du plan mince par mètre carré pour 1 mètre à la seconde.	135^{gr}
Résistance proportionnelle à l'avancement du système.	$2036^{kgm},9475$
Force correspondante en chevaux sur l'aérostat.	$27^{ch},160$
Recul de l'hélice et frottement des ailes dans l'air.	30 p. 100
Nombre de tours de l'hélice par minute.	70^{t}
Vitesse de l'hélice à la circonférence.	$40^{m},317$
Poids du matériel aérostatique complet. 800^{kg}	
Poids de la partie mécanique complète. 1600	
Engins de guerre soulevés (dynamite et torpilles). 400	3200^{kg}
Effort ascensionnel disponible. 400	

CHAPITRE IV

LES BALLONS ÉLECTRIQUES

A l'Exposition universelle de l'électricité qui se tenait, en 1881, au Palais de l'industrie de Paris, on pouvait remarquer, dans la grande nef vitrée, un petit ballon de quelques mètres cubes à peine de capacité, de forme allongée et qui était amarré au ballon de la galerie du premier étage.

Ce ballon était un modèle construit par les frères Tissandier, dont l'un, architecte de profession, se connaissait quelque peu en aérostation et dont l'autre est le fameux survivant de la catastrophe du *Zénith* qui a rendu son nom célèbre. Il avait pour utilité avouée des expériences sur la puissance des moteurs électriques et leur application à la direction des ballons.

Plusieurs essais de ce modèle furent exécutés, en

chambre close, dans le courant de l'année. Le moteur employé était une bobine Siemens à double T, disposée suivant les principes de l'électricien Marcel Deprez, et actionnée par le courant de deux accumulateurs Planté. On reconnut que la force développée, quoique inférieure à 1 kilogrammètre, était suffisante pour animer l'aérostat d'une vitesse de 2 à 3 mètres

Fig. 23. — Moteur dynamo-électrique Chertemps.

par seconde. C'était le premier pas fait sur une route où l'on ne devait rencontrer que des déceptions.

Au mois de mars 1883, M. Napoli ayant prouvé que la pile de Bunsen était un producteur de force moins pesant qu'une chaudière à vapeur, les frères Tissandier se remirent à l'œuvre et firent construire à leurs frais un aérostat de 1000 mètres cubes de capacité, avec housse de suspension soutenant une nacelle quadrangulaire en bambous assemblés. Ils installèrent à l'arrière de cette cage une machine dynamo-électrique Siemens et une hélice à deux ailes de 4 mètres de haut, et ils choisirent comme générateur de force une pile électrique au bichromate de potasse, au lieu d'accumulateurs comme dans leur petit modèle.

Dans un terrain vague de l'avenue de Versailles, au Point-du-Jour, les futurs navigateurs aériens firent édifier un appareil à gaz hydrogène pur à production continue, et le 8 octobre 1883, ils gonflèrent leur ballon-poisson. Le temps était très pur et très calme ; à peine une brise insaisissable courait-elle dans l'atmosphère. Les piles furent mises en action, la machine développa 98 kilogrammètres d'énergie, mais le ballon fut quand même emporté, prouvant bien sa trop réelle infériorité sur les systèmes qui l'avaient précédé, et dont l'expérience n'avait pas été mise à profit.

Une heure après leur départ, les frères Tissandier prenaient terre dans l'île de Croissy. Le ballon fut amarré, mais quand on voulut repartir le lendemain, le liquide des piles s'était congelé, et il fallut ramener le matériel à l'usine aérostatique, sans l'essayer de nouveau.

Malgré cet échec, les deux Tissandier ne voulurent pas renoncer à leur moteur électrique dont le rendement était insuffisant. Ils profitèrent seulement des travaux de M. Pompéien-Piraud, de Lyon, pour perfectionner la voile servant de gouvernail, et, au mois d'octobre de l'année suivante, alors que Paris était tout en rumeur par les expériences des capitaines Renard et Krebs, ils firent un second voyage.

Ce jour-là encore, le vent avait une vitesse supérieure à celle de l'aérostat qui n'avait qu'une vitesse propre de 3 mètres par seconde. Ils évoluèrent à plusieurs reprises au-dessus de la capitale ; ils louvoyèrent, comme l'avait fait trente ans avant eux Henri Giffard, mais il furent quand même emportés par le vent. Ils atterrirent à Marolles, près de Brie-Comte-Robert, sans que leur hélice et toutes leurs piles eussent pu faire remonter le courant à leur bâtiment aérien.

Ce fut la dernière expérience de navigation atmosphérique des Tissandier. L'engouement parisien s'en alla tout entier aux savants et courageux officiers de Meudon qui, les premiers, avaient pu ramener leur aérostat à son point de départ.

L'aérostat fut terminé au mois de mai 1884.

On le gonfla, puis on le remisa sous des hangars en attendant le beau temps. C'est là la véritable supériorité des ateliers militaires de Chalais-Meudon. Ayant un ballon toujours prêt, ils peuvent profiter de toutes les occasions favorables qui se présentent.

Ce fut le 9 août 1884 que les capitaines du génie Renard et Krebs, directeurs de l'usine aéronautique militaire de Chalais-Meudon, exécutèrent leur premier voyage dans le ballon allongé de 1800 mètres cubes, *la France*, dont la construction était terminée depuis plusieurs mois et qui était muni, comme l'appareil

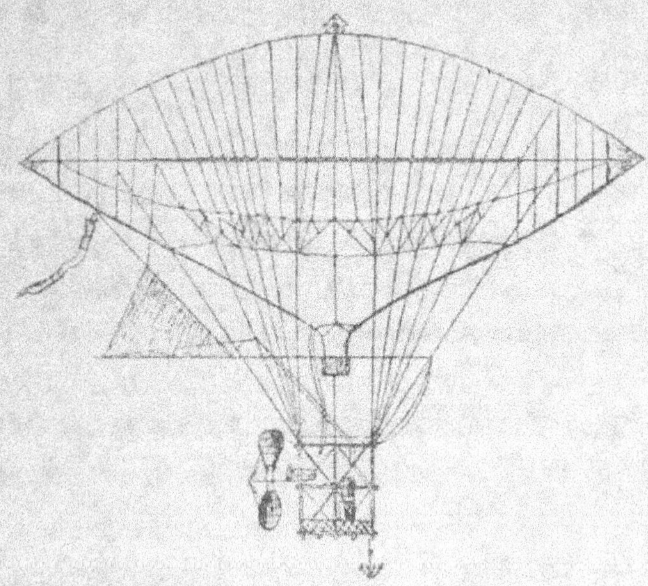

Fig. 24. — Ballon électrique des frères Tissandier.

tes Tissandier, d'un moteur électrique actionné par des piles.

La relation que MM. Krebs et Renard[1] ont donnée de leur ascension dit que, à 4 heures du soir, par un temps presque calme, l'aérostat, laissé libre et pos-

<hr>

[1] *La navigation aérienne par l'électricité* (*Science et nature*, 1884, t. II, p. 225).

sédant une très faible force ascensionnelle, s'élevait lentement jusqu'à la hauteur des plateaux environnants. La machine fut mise en mouvement et bientôt, sous son impulsion, l'aérostat accéléra sa marche, obéissant fidèlement à la moindre indication du gouvernail.

« La direction fut d'abord tenue nord-sud, disent les aéronautes dans leur rapport à l'Académie des sciences. Pour ne pas s'engager au-dessus des arbres de la route de Choisy à Versailles, la marche fut changée, et l'avant du ballon dirigé sur Versailles.

« Au-dessus de Villacoublay, nous trouvant éloignés de Chalais d'environ 4 kilomètres et entièrement satisfaits de la manière dont le ballon s'était comporté en route, nous décidions de revenir sur nos pas et de tenter de descendre sur Chalais même, malgré le peu d'espace découvert laissé par les arbres.

« Le ballon venait planer bientôt à 300 mètres au-dessus de son point de départ. On le maintint en panne par des mouvements d'avant et d'arrière de la machine, et, quand il fut descendu à 80 mètres au-dessus du sol, une corde larguée fut saisie par des hommes qui ramenèrent l'aérostat dans la prairie d'où il était parti. »

Pendant le reste du mois d'août, l'aérostat ne sortit pas ; en vain avait-on annoncé une ascension pour le

31 août, rien ne bougea à Chalais ! Enfin, le 12 septembre, la seconde ascension eut lieu devant le général Campenon et plusieurs officiers. L'aérostat, après s'être tenu en équilibre contre le vent pendant quelques minutes, fut entraîné et descendit à Vélizy, à 5 kilomètres de Meudon, sans aucune avarie. On le ramena à la corde sous les hangars de Chalais.

L'aéronef militaire mesure 50^m,42 de longueur, son diamètre est de 8^m,40 et elle cube 1864 mètres.

La machine motrice est une machine du système Gramme ; les piles qui l'actionnent sont divisées en quatre sections pouvant être groupées en surface ou en tension de trois manières différentes. Son poids, par cheval-heure, mesuré aux bornes, est de 19^k,350. La nature de la pile, sur laquelle le commandant Renard ne s'explique pas, est inconnue. Ce sont vraisemblablement des piles au chlorure d'argent, avec dispositions particulières, donnant un grand débit uni à une grande légèreté. Le nombre des éléments est de 32, et la machine dynamo développe 8,5 chevaux sur l'arbre, représentant une puissance de 12 chevaux pour le courant aux bornes d'entrée.

Un ballonnet intérieur peut, au moyen de l'orifice inférieur de l'aéronef, recevoir l'air d'un ventilateur, mû sans doute par la machine. Ce ballonnet compen sateur permet de maintenir la permanence de la hauteur.

Dans l'ascension du 9 août, les poids enlevés étaient les suivants :

Ballon et ballonnet.	309^{ks}
Chemise et filet.	127
Nacelle complète.	452
Gouvernail.	40
Hélice.	41
Machine.	98
Bâti et engrenage.	47
Arbre moteur.	30,500
Piles, appareils et divers.	435,500
Aéronautes.	140
Lest.	214
TOTAL. . .	2000^{ks}

L'aéronef s'éleva lentement avec très peu de force ascensionnelle et, sous l'impulsion de l'hélice, prit une allure d'environ 20 kilomètres à l'heure. Arrivé au-dessus de Villacoublay (4 kilomètres de Chalais), le ballon décrivit un demi-tour sur la droite avec 300 mètres de rayon et revint atterrir sur la pelouse même du départ, après une série d'habiles manœuvres. Cette descente fut exécutée d'une façon remarquable ; la pelouse n'a pas plus de 150 mètres de longueur sur 75 mètres de largeur et est entourée de grands arbres. (Voir la figure.)

Le demi-tour à droite a été obtenu avec un angle de 11° donné au gouvernail ; le diamètre du cercle décrit a été de 300 mètres environ ; le chemin parcouru avec la machine, mesuré sur le sol, de 7^{km},600 ; la durée, vingt-trois minutes ; soit une vitesse moyenne à la seconde de 5^m,50 ; la force électrique employée (trente-deux éléments) était, mesurée aux bornes de la machine, de 250 kilogrammètres ; le rendement approché de la machine, 70 pour 100 ; le rendement de l'hélice, 70 pour 100 ; soit un rendement total d'environ 1/2 ; travail de traction, 123 kilogrammes ; résistance approchée du ballon, 22^{kg},800.

Dans l'ascension du 9 août, l'aérostat eut à subir, pendant sa marche et à plusieurs reprises, des oscillations analogues au tangage, de 2 à 3° d'amplitude, oscillations attribuées par les expérimentateurs, soit à des irrégularités de forme, soit à des courants d'air locaux dans le sens vertical, mais qui paraissent résulter plutôt de l'équilibre incomplet de l'appareil.

L'hélice propulsive est placée à l'avant du système, elle a environ 7 mètres de diamètre ; le gouvernail est disposé à l'arrière ; ajoutons, entre parenthèses, qu'il est beaucoup trop lourd et d'une force compliquée inutilement.

Un poids compensateur analogue à celui employé dans la romaine et destiné à maintenir l'équilibre de

244   LES BALLONS ÉLECTRIQUES

l'aérostat est mobile et peut glisser de l'avant à l'arrière de l'appareil.

Depuis le mois d'août, plusieurs autres ascensions ont été opérées par le ballon militaire de Meudon, mais si la dernière a donné quelques résultats intéressants, une des précédentes en avait donné d'absolument négatifs, ce qui se produira, du reste, chaque fois que, malgré le soin extrême qu'ont les expérimentateurs à ne s'aventurer que par un vent presque nul, ils seront en lutte avec une vitesse atteignant celle qu'ont éprouvée, lors de leurs expériences, Giffard et Dupuy de Lôme.

NUMÉROS des expériences	DATES	NOMBRE de tours d'hélice par minute	VITESSE de l'hélice en mètres par seconde	OBSERVATIONS
1	9 août 1884	42	4,58	Le ballon rentre à Chalais.
2	12 sept. 1884	50	5,43	Avarie de machine. Descente à Vélizy.
3	8 nov. 1884	55	6,00	Le ballon rentre à Chalais.
	—	35	3,82	—
5	25 août 18..	55	6,00	Vent de 6^m,60 à 7 mètres. Descente à Villacoublay.
6	22 sept. 1885	55	6,00	Le ballon rentre à Chalais.
7	23 sept. 1885	57	6,22	—

Tout le monde se rappelle encore les paroles enthousiastes et élogieuses de M. Hervé-Mangon, faisant part à l'Académie des résultats inattendus obtenus par les officiers de Meudon dans leur ascension du 9 août et le discours de l'amiral Jurien de la Gravière, président de la savante compagnie. La nouvelle du retour d'un ballon à son point de départ parcourut le monde entier avec la rapidité de l'étincelle électrique ; on crut que l'on tenait la solution du problème de la direction des ballons et, en peu de temps, les deux capitaines devinrent célèbres.

Cependant, on était encore loin du succès définitif, car la vitesse propre du ballon *la France* était seulement de 6 mètres par seconde. Une seconde campagne d'études fut donc décidée et ce fut en 1885 qu'elle eut lieu. Il s'agissait de combler les lacunes des expériences de 1884 et d'exécuter de nouvelles mesures de la vitesse du ballon par rapport à l'air ambiant. Nous lisons ce qui suit dans les *Comptes rendus de l'Académie*.

« *Formules du travail.* — Les mesures de vitesse que nous avons exécutées pendant ces deux expériences nous ont permis d'établir sur des *bases sérieuses* les formules fondamentales qui peuvent servir à l'évaluation de la résistance des ballons analogues à *la France*, en y comprenant le filet de la nacelle. Les résistances mesurées sont *beaucoup plus grandes que nous ne l'avions cru* sur la foi des expériences très incomplètes dont nous avions dû nous contenter pour l'établissement de notre projet. »

Ajoutons que la supériorité du gros bout devrait être établie d'une façon bien incontestable, pour que cette forme qui interdit de faire machine en arrière aussi bien que machine en avant, soit adoptée. Il serait également indispensable de prouver qu'il vaut mieux avoir l'hélice en arrière qu'à l'avant du ballon.

À la fin de la deuxième saison d'expériences, l'enveloppe du premier dirigeable doué d'une vitesse de 6 mètres par seconde se trouva usée. On parlait de construire un aérostat de plus grande taille, actionné cette fois, ce qui eût certainement mieux valu, par un moteur à vapeur, mais on n'entend plus, depuis, parler de rien. Ceux qui craignaient de voir dépenser les millions du budget pour construire une flotte aérienne peuvent se rassurer : l'envie et la jalousie ont réussi à empêcher la réalisation de ce grand projet.

Cependant, au début, M. Renard (aujourd'hui chef de bataillon du génie) et M. Krebs n'avaient que trop d'admirateurs aveugles, croyant que la navigation aérienne était un fait accompli et qui allait passer immédiatement dans le domaine industriel. Hélas ! on est encore loin de ce *desideratum* que les savants officiers tous les premiers n'ont pas la prétention d'avoir atteint.

Au point de vue militaire, et là repose toute la valeur de leurs recherches, ils ont atteint leur but[1]. — En effet, qu'ont ils cherché? Le moyen de pénétrer dans une ville assiégée, de correspondre souvent avec elle, d'aller chercher et rapporter des ordres qui, combinés avec l'armée de secours pourront servir à débloquer la ville sans être obligés de compter sur un hasard qui voudra bien faire tomber un ballon ordinaire dans la place.

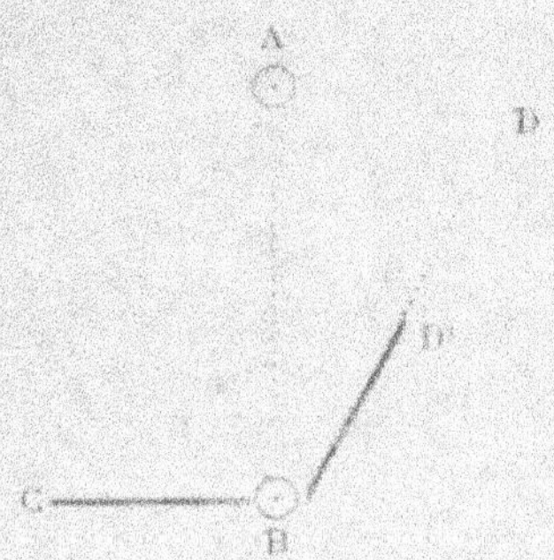

Fig. 28. — Schéma de la direction des ballons.

Pour cela, ils sont parvenus à obtenir une vitesse capable de résister aux vents régnant le plus ordinairement dans notre pays, c'est-à-dire de près de 7 mètres à la seconde. On voit qu'il y a loin de là à

[1] *La vérité sur la direction des ballons* (*Science et nature*, 1884, t. II, p. 227).

Fig. 26. — Le ballon électrique militaire la

... quittant la gare de remisage de Chalais-Meudon.

diriger les ballons par tous les vents, qui atteignent quelquefois 25 et 30 mètres.

Pour bien faire saisir à nos lecteurs la valeur de la découverte de MM. Renard et Krebs, nous supposerons (fig. 25) que A est la ville assiégée ; B, le point où se trouve l'armée de secours ; BC représente la vitesse du ballon ; BD, la direction du vent, et BD' (égal à BC), sa vitesse.

En consultant les centres de pression il sera facile de choisir le moment favorable où la vitesse du ballon pourra lutter avec le vent ; alors partant du point B, le ballon, en vertu de sa vitesse BC, déviera de la ligne BD et suivra BA.

Avec un ballon ordinaire, il faudrait partir du point C ; mais il faut considérer ce point comme occupé par l'ennemi.

On comprend de suite tout le prix d'un pareil progrès, quand on se rappelle les tentatives faites en 1870 par les aéronautes du siège essayant de rentrer dans Paris par la même voie de l'air qui leur avait permis de s'en échapper ou d'y jeter des dépêches en passant.

Depuis 1885, les études d'aérostation dirigeable ont été à peu près suspendues en France, et nous ne trouvons depuis cette époque qu'un seul projet sérieux et bien compris d'aérostat possédant l'électricité comme force motrice. Ce projet est celui préconisé par MM. Hamon père et fils.

MM. Hamon ont constitué leur force ascensionnelle par deux aérostats placés à la suite l'un de l'autre, en laissant un vide de $1^m,20$ entre les deux.

Le premier aérostat à $14^m,40$ de long, le deuxième $21^m,60$.

Leur diamètre commun est au maître couple de 9 mètres ; leur cube total de 1500 mètres.

Les extrémités avant et arrière des aérostats sont formées par des cônes à courbe parabolique ; celles du milieu par des calottes à courbe aplatie.

La longueur totale des deux aérostats ainsi disposés est de $37^m,20$.

A 3 mètres au-dessous d'eux se trouve la nacelle, qui a 8 mètres de long et $1^m,30$ de largeur au maître couple ; elle est reliée aux aérostats par une chemise qui les enveloppe de toute part, pointes exceptées.

La chemise porte, vers le milieu de la nacelle, des ouvertures permettant d'inspecter l'horizon.

MM. Hamon emploient, non sans raison, deux roues à palettes tournantes au lieu de l'hélice ; l'expérience, en effet, paraît prouver que l'emploi de ce genre de propulseur est supérieur à celui de l'hélice.

On a vu plus haut que ces inventeurs placent la force de puissance au centre de la résistance.

Ce résultat est obtenu par le passage de l'arbre portant les deux roues à palettes dans l'espace laissé vide entre les deux aérostats.

Ce passage a lieu dans l'axe horizontal des deux aérostats.

Un bâti très bien combiné, formé de perches creuses en planches de sapin, collées et recouvertes d'étoffes pour rendre plus lisses lesdites perches, soutient l'arbre des roues à palettes, ainsi que tous les mouvements de transmission ; les roues à palettes peuvent marcher indépendamment l'une de l'autre, pour permettre de virer sur place.

Le moteur recevant la force de puissance n'est autre qu'une machine dynamo-électrique de 2 chevaux-vapeur.

Elle reçoit le courant d'une batterie de piles au bichromate de potasse.

De chaque côté de la nacelle se trouvent placés deux plans d'une force totale de 5 mètres carrés.

Une boussole, dont l'axe de foi coïncide avec celui de la nacelle, se trouve à portée de l'œil du timonier.

D'après les calculs des auteurs du projet, la force de 2 chevaux est suffisante pour obtenir, en air calme, une vitesse de 16 ou 17 mètres à la seconde, soit 60 kilomètres à l'heure.

Un gouvernail de 3 mètres de surface placé à l'arrière de la nacelle complète le système.

Le système de MM. Hamon est le dernier en date. Il paraît bien conçu et il est possible qu'il donne quelques résultats intéressants. Mais, pour cela, il faudrait construire un modèle assez puissant pour soulever quelques aéronautes avec les piles et les machines nécessaires à la propulsion. Il est souvent insuffisant de calculer, d'après le rendement d'un petit modèle, l'effet d'une machine plus grande et l'on se trouve dans le cas des gens qui jugent le produit d'un champ par le rendement d'une culture faite dans une caisse posée sur leur fenêtre.

Or, il pourrait bien en être le même pour le ballon électrique Hamon, et il serait bon de laisser maintenant la parole aux faits et aux expériences.

CHAPITRE V

LES HOMMES VOLANTS

Nous en avons maintenant terminé avec l'étude de tous les appareils plus ou moins perfectionnés et ayant pour but de nous donner la direction aérienne au moyen de la vénérable bouée de Montgolfier. Nous allons étudier maintenant les systèmes non moins nombreux de navigation atmosphérique basés sur un principe absolument contraire à celui de l'aérostation : aéroplanes, hélicoptères et hommes volants, principe beaucoup plus ancien et réellement plus rationnel que celui sur lequel s'appuie l'aéronautique tout entière.

Ce n'est pas d'hier que sont séparés le camp des aviateurs et celui des aéronautes à outrance. De tout temps, les chercheurs ont eu confiance dans les appareils *plus lourds que l'air*, et tous les hommes volants sont des aviateurs.

Oui, aviateurs, Dédale et Icare fuyant l'île de Crète avec leurs ailes fixées avec de la cire ; aviateurs Simon le Magicien, Oliver de Malmesbury, le Sarrasin volant de Constantinople.

Vers l'an 1500, Léonard de Vinci, dans les dessins de qui on a retrouvé trace de beaucoup d'inventions, notamment le parachute, s'occupa aussi d'aviation. On a découvert le croquis d'un appareil à ailes mues par la force humaine et pourvue d'un gouvernail en forme de queue d'oiseau, mais, comme beaucoup d'autres idées de ce grand homme, cette construction ne fut jamais réalisée.

A la fin du même siècle, plusieurs expériences de vol aérien furent tentées.

En France, un danseur de corde du nom d'Allard promit de traverser en volant toute la Seine en se lançant du haut de la terrasse du château de Saint-Germain, mais il ne fit qu'un instant parachute et se cassa une jambe en tombant.

Plus heureux aurait été, paraît-il, un savant italien nommé Jean-Baptiste Dante, mathématicien de Pérouse, qui, à l'occasion des fêtes d'un mariage, essaya des ailes de son invention. Il traversa une place et se tint longtemps en l'air, aux acclamations du peuple. Malheureusement, une pièce de ses ailes se rompit, et il se cassa, lui aussi, une jambe en tombant. Dans une autre expérience, il aurait, dit-on, traversé un lac assez large. Toutes les classes de la société se trouvent représentées dans ces tentatives si curieuses, qui, pour n'avoir pas eu de résultat pratique, n'en montrent pas moins que l'idée de voler en l'air était en germe et que bien des esprits y consacraient leurs études.

Nous avons vu les essais du serrurier de Sablé, Besnier; le succès qui sembla couronner ses efforts aurait dû encourager les recherches dans ce sens; or, aucune expérience n'a été tentée pour vérifier les assertions du *Journal des savants*.

Il est probable qu'avec de légères modifications ce système permettrait de voyager à la surface du sol avec une grande célérité, de franchir des obstacles d'une certaine élévation, mais ce n'est point là le but des aviateurs.

Turner [1] rapporte le fait suivant : « Peu de temps après Bacon, dit-il, on s'occupa beaucoup d'exercer les jeunes gens à voler avec des ailes artificielles. C'était une marotte des savants et des artistes du temps. Si nous pouvons ajouter foi au compte rendu d'un certain nombre de ces expériences, on aurait fait de grands progrès dans cette voie. Les jeunes gens,

[1] Turner, *Astra Castra*.

armés de ces ailes, glissaient à la surface du sol avec beaucoup d'aisance et de vitesse par une combinaison de la course et du vol. Un mouvement alternatif et continu de leurs ailes et des pieds contre terre les entraînait avec une incroyable rapidité. »

Il en fut encore bien d'autres qui s'occupèrent de vol aérien jusqu'au jour à la fois exécrable et béni où Montgolfier abandonnait aux vents son globe d'air chaud, et retardait ainsi de plus d'un siècle l'avènement de la navigation aérienne rationnelle.

Cependant, alors que des papetiers d'Annonay révolutionnaient le monde avec la nouvelle qu'une enveloppe remplie d'un gaz plus léger que l'air s'était élevée dans l'espace et y avait séjourné quelques instants, sans aucun rapport avec le sol, dans d'autres points de la France, certains chercheurs s'appliquaient à trouver un moyen mécanique pour s'élever dans les airs.

Le chanoine Desforges essayait, quoique sans succès, sa machine volante sur le sommet de la tour Guinette, à Étampes ;

Le marquis de Bacqueville, le premier de tous les aviateurs, se lançait résolument du haut de la fenêtre de son hôtel situé quai Malaquais. Cet inventeur n'avait trouvé rien de mieux que de s'attacher aux bras et aux jambes des ailes de grande surface et de la même forme que celles que la mythologie chrétienne prête à ses anges. D'après la chronique, le marquis de Bacqueville vola, en présence d'une foule considérable, depuis la fenêtre d'où il s'était jeté jusqu'au-dessus de la Seine. Mais là ses mouvements se ralentirent et devinrent incertains. Il s'abattit comme une masse sur le toit d'un bateau de blanchisseuses et se cassa la cuisse malgré ses ailes.

Blanchard, plus prudent, avait fait une machine munie d'ailes qu'il mettait en mouvement, et dans laquelle il prenait place.

Doué d'une imagination vive et d'un esprit inventif, dit un de ses biographes, « il s'appliqua dès son enfance à la mécanique ; ayant conçu l'idée de s'élever dans les airs, il étudia la conformation et la manière de voler de plusieurs oiseaux. Après divers essais inutilement tentés pour les imiter, il imagina une machine qui, contenant assez d'air pour se soutenir, pût fendre cet élément, comme un navire fend les eaux. Il lui donna la forme d'un oiseau, convexe par-dessus et par-dessous, étroit à l'avant et à l'arrière, ayant pour tête la proue et pour queue le gouvernail ; le corps, en bois léger et solide, était, comme celui d'un vaisseau, partagé en plusieurs membrures matelassées, traversé par deux petits mâts et recouvert à l'extérieur d'un carton vernissé. L'inventeur pouvait entrer dans cette machine par une porte qu'il refermait, s'y asseoir avec son compagnon de voyage, y voir clair à travers des glaces, et y renouveler l'air au moyen d'une soupape. Six ailes de 10 pieds d'envergure sur 10 de large, qu'un ressort faisait déployer rapidement, étaient adaptées à sa voiture aérienne. Celle de devant et celle de derrière devaient servir à son ascension, et les quatre autres, placées de chaque côté, la soutenir et la faire planer. Blanchard travailla longtemps à perfectionner son ouvrage, qu'il annonçait comme un bateau *insubmersible*; mais, désespérant de recevoir en France des dédommagements suffisants, il était sur le point de porter son industrie dans les pays étrangers; un abbé Deviennay, chez lequel il était logé à Paris, au commencement de 1782, le retint dans sa patrie. C'est chez lui que les curieux allaient voir la machine, et Blanchard répondait à toutes les objections en homme qui semblait les avoir toutes prévues. Il avait eu aussi l'idée de montrer à Longchamps une voiture allant sans chevaux, mais le temps ne lui permit pas de l'exécuter.

« Il fut alors pendant quelques jours le sujet de conversation et un objet de curiosité. Les frères de Louis XVI, les ducs de Chartres, de Bourbon, plusieurs grands personnages, allèrent le voir. Les deux premiers lui promirent, dit-on, chacun quatre mille louis s'il réussissait. Le 5 mai, jour indiqué pour la démonstration publique de sa voiture aérienne, l'affluence se porta chez lui autant qu'à l'ouverture de la nouvelle salle du Théâtre-Français. Comme la foule ne permettait pas de laisser la machine dans le salon doré où elle était exposée, et que la pluie empêchait de la montrer en dehors, Blanchard lut un discours où il en développa l'utilité et les inconvénients, qui étaient surtout de ne pouvoir découvrir au-dessous de lui sur quel endroit il s'abattait, et de se trouver, en cas d'indisposition subite, hors d'état de manœuvrer, à moins d'avoir un compagnon. Quoiqu'il assurât qu'il pouvait s'élever en tous lieux, en tout temps, et faire 30 lieues par heure, il apercevait sans cesse de nouvelles difficultés en approchant du terme ; mais sa jactance et ses vaines promesses cachaient mal son inquiétude. »

Heureusement pour Blanchard, ce fut à ce moment que Montgolfier puis Charles créèrent l'aérostation. Rejeté dans l'ombre par l'avènement de la nouvelle découverte, le fin Normand ne perdit pas courage. Décidé à tout pour parvenir à la célébrité, il tourna radicalement casaque, et d'aviateur il se fit aéronaute de foires. Nous n'avons plus désormais à nous en occuper.

La naissance de l'aérostation ayant rejeté dans

l'oubli les études d'aviation, il nous faut franchir un long espace de temps et arriver immédiatement à l'année 1806 pour retrouver trace d'essais de vol aérien.

Ces essais furent ceux d'un horloger viennois nommé Jacob Deghen, qui mettait en mouvement, à l'aide de leviers, des ailes de 22 pieds d'envergure et qui équilibrait une grande partie de son poids et de celui de l'appareil en s'attachant au-dessous d'un petit ballon à hydrogène pur. Lorsque les frères Montgolfier firent à Annonay leur première expérience, Deghen embrassa aussitôt avec ardeur la cause de l'aérostation, s'intéressa à tous les essais de direction et chercha lui-même le mot de l'énigme. Pendant de longues années, il travailla seul dans l'ombre, soldat obscur d'une cause qui avait pour elle tant d'hommes illustres. Vers 1810, Deghen crut avoir découvert le moyen d'imprimer une direction aux aérostats. Il multiplia, paraît-il, les expériences pendant deux annés, et chaque essai sembla lui donner raison. Enfin, persuadé de l'excellence de son système, il vint à Paris livrer au monde savant son secret, et aussi chercher le triomphe et la gloire. Mais Deghen fut cruellement désabusé : son ballon s'éleva lentement à une très petite hauteur, puis retomba sur le sol. La populace, « excitée sans doute contre l'*Autrichien* par la police impériale », rossa le pauvre aéronaute et mit sa machine en pièces.

Les accidents plus ou moins graves qui survenaient immanquablement à tous les hommes volants et terminaient quelquefois brusquement leurs expériences ne devaient cependant pas détourner de cette voie dangereuse les esprits acharnés à la solution du problème.

En 1852, un aviateur se tuait raide à Londres dans sa première expérience. Leturr, — ainsi s'appelait cet inventeur, — avait imaginé, ce qui était assez rationnel, de se faire enlever jusqu'à une certaine hauteur par un ballon et de descendre ensuite, suivant des plans inclinés, à l'aide d'un parachute muni d'un gouvernail et d'une paire d'ailes (fig. 27) que l'aviateur devait mettre en mouvement. Malheureusement, au moment du départ du ballon, il régnait un vent violent; l'aéronaute n'entendit pas Leturr qui lui criait de larguer la corde de 80 mètres à l'extrémité de laquelle l'appareil était attaché; le parachute et le malheureux qui s'y trouvait suspendu fut projeté avec violence dans des arbres et l'inventeur eut la tête fracassée du choc. La foule se rua alors avec une joie bestiale sur l'appareil en morceaux et s'en partagea les débris.

Ce malheur n'était aucunement dû à l'appareil d'aviation lui-même, mais à un concours de circonstances déplorables : l'élan des chercheurs n'en fut pas diminué.

En 1854, un nommé Bréant faisait connaître un système d'ailes à soupapes qu'il avait inventées.

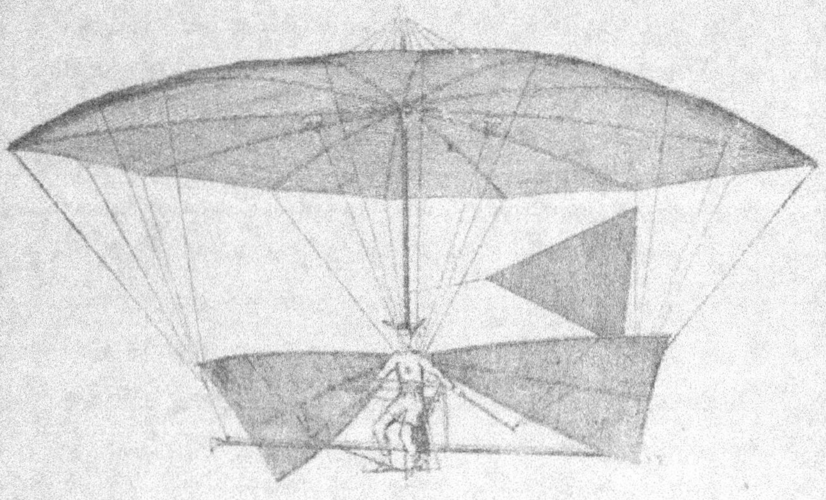

Fig. 27. — Parachute dirigeable, muni de deux ailes et d'une queue, et à l'aide duquel Letur voulait se diriger.

Dix ans plus tard, c'était un autre mécanicien qui essayait d'autres ailes de son imagination. Bourcart, comme le serrurier de Sablé au XVII⁰ siècle, s'attachait deux paires d'ailes aux épaules, les mettait en mouvement avec ses bras et ses jambes, et finalement... restait par terre.

En 1865 était venu à Paris, pour mettre ses projets à exécution, un pauvre ouvrier cordonnier belge, nommé Groof, qui croyait, comme tant d'autres avant et après lui l'ont cru, pouvoir se diriger à son gré à travers l'atmosphère. Il tenta, dès cette époque, de construire et de mettre à l'épreuve dans la grande ville son appareil de vol aérien, qui procédait directement de celui de Leturr. De Groof reçut un concours effectif et moral de la Société d'encouragement pour l'aviation qui venait de se fonder ; mais des dissentiments survinrent à la longue, il y eut des retards prolongés, enfin l'inventeur reconnut l'impossibilité matérielle d'expérimenter son système à Paris. Il retourna donc à Bruxelles, et ce ne fut qu'après une longue suite de déboires qu'il put expérimenter son système à Londres en 1874, le 2 juin.

Voici la description de cet appareil :

C'est un châssis rectangulaire en bois, au milieu duquel le pilote de ce terrible navire se tient debout. Deux ailes, de 10 mètres de longueur chacune, sont fixées à la partie supérieure de ce châssis ; elles tendent à se relever sous l'action de ressorts de caoutchouc, fixés à une pièce de bois qui domine tout l'appareil. L'homme les abaisse en tirant des cordes, et quand il cesse d'agir, les caoutchoucs les relèvent. A l'état de repos, le système doit former parachute, et une troisième palette concave, formant la queue de cet oiseau fantastique, vient s'ajouter aux deux ailes latérales.

Le ballon, parti de Crémorne, s'éleva à une hauteur de 5000 pieds et redescendit rapidement à la hauteur de 1000 pieds. De Groof se détacha lui-même après avoir donné le signal : *Loose !* Le but de ce signal était de prévenir l'aéronaute Simmons, afin qu'il eût le temps d'ouvrir la soupape et de laisser dégager une quantité de gaz correspondant à une perte de poids de 425 livres.

De Groof arriva à terre avant M. Simmons, qui effectua sa descente dans la forêt d'Epping. Il ne se fit aucun mal, et son appareil n'éprouva d'autre dommage que la rupture de quelques baleines. Simmons raconte, dans l'enquête, qu'il le vit en tête des gens qui travaillaient aux câbles pour arrêter l'aérostat.

L'enquête judiciaire faite plus tard démontra que, dans l'ascension du 27 juin, de Groof n'avait point détaché son appareil ; il était descendu sans accident mais *avec le ballon*. Les journaux avaient donné un récit imaginaire de la descente, et l'aéronaute Simmons, dans sa déposition devant le coroner, avait corroboré, sous la foi du serment, un récit mensonger.

Le 9 juillet de la même année, de Groof recommençait son expérience en partant de la même ville. A la hauteur de 1000 mètres, il détacha réellement son appareil de la corde qui le maintenait accroché au ballon. Mais il ne put jamais faire fonctionner ses ailles qui se relevèrent verticalement et ne s'abaissèrent plus; il s'abattit donc comme une masse de cette prodigieuse hauteur et vint se briser sur la chaussée, à Robert-Street (Chelsea). Comme cela s'était produit pour Leturr, la foule se rua sur les débris de la machine qu'elle se partagea, tandis qu'on transportait le corps de l'infortuné aviateur à l'hôpital. Cette ascension était malheureuse de tous points car il s'en fallut de peu que l'aéronaute lui-même n'eût un destin identique. Lorsque de Groof eut détaché son appareil, le ballon, subitement délesté, ne tarda pas à s'enlever avec une rapidité telle que Simmons perdit connaissance. Quand il revint à lui, il était en pleine descente. Il toucha terre sur un railway près de Springford, de l'autre côté de Victoria-Park, au moment où un train arrivait à toute vapeur. Grâce au dévouement de quelques passants et à la hardiesse avec laquelle le mécanicien fit jouer la contre-vapeur, le malheureux aéronaute échappa à la plus cruelle des morts.

Depuis la fatale expérience de l'infortuné de Groof, les inventeurs ont compris que le vol humain était une chimère et une utopie. Aussi ne connaît-on qu'un seul appareil imaginé depuis 1874 dans le but, sinon de quitter le sol, ce que l'on sait impossible, mais tout au moins d'obtenir un allégement sur place.

Cet appareil est celui de M. Dandrieux; il se compose de deux grandes ailes en étoffe vernissée, mises en mouvement au moyen des pieds, et qui décrivent,

Fig. 28. — Appareil alaire de M. Dandrieux, permettant d'obtenir un allégement sur place.

en s'abaissant et en se relevant alternativement, une sorte de 8 dans l'air qu'elles chassent violemment et qui fait ressort sous elles (fig. 28).

Telles sont, à l'heure actuelle, toutes les tentatives de vol humain qui aient été exécutées. Aucune, à la vérité, n'a entièrement réussi, que les expérimentateurs aient tenté de se précipiter d'un lieu élevé et de descendre suivant des plans inclinés, ou de s'élever à l'aide de leurs ailes. Cependant, quoique la question soit insuffisamment étudiée en pratique, la théorie conduit à penser que ce moyen de tourner le problème de la navigation aérienne est impraticable. L'homme ne peut pas développer une force motrice suffisante pour vaincre la puissance d'attraction de son globe, et on va en pouvoir facilement juger d'après ce qui suit :

La pesanteur, suivant une loi connue, tend à faire tomber un corps avec une vitesse de 5 mètres à la seconde : la force motrice doit donc être capable de contre-balancer cette chute, autrement dit, doit élever ce même corps de 5 mètres en une seconde. Or le poids que la force de 1 cheval-vapeur peut élever à une hauteur de 5 mètres en une seconde est de 15 kilogrammes. C'est dire que le poids de l'appareil entier, y compris son moteur et ses accessoires, ne devra pas dépasser 15 kilogrammes pour se soutenir. Un tel moteur existe-t-il? On admet que la résistance de l'air et les accessoires de la machine doivent reporter à 11 ou 12 kilogrammes le poids du moteur, par force de cheval.

L'homme est-il capable de voler au moyen d'un appareil convenablement disposé et dont il serait le moteur unique? La réponse n'est pas douteuse. Non !

Un homme pèse en moyenne 75 kilogrammes ; or, la force capable d'élever ce poids à 1 mètre de hauteur en une minute est, comme nous l'avons vu, de 5 chevaux; l'expérience a prouvé que la force musculaire de l'homme peut être évaluée à un quart de cheval. Pour que l'homme pût s'enlever, il faudrait qu'il pesât $3^{k},2$.

Il semblerait cependant qu'un fait, résultant d'une observation que nous a transmise M. de Lucy, changeât la face de la question en laissant supposer qu'une partie de la puissance des oiseaux repose dans la façon dont leurs ailes sont adaptées, et surtout dans la manière dont ils s'en servent.

Je ne pense pas que l'état de la question permette de trancher encore cette difficulté, mais je crois utile de faire connaître la remarque que M. de Lucy fit en 1868 et 1869.

La voici :

Il affirme qu'il existe une loi invariable à laquelle il n'a jamais rencontré aucune exception, ayant mesuré et pesé un très grand nombre d'oiseaux et d'insectes : c'est que, plus l'animal ailé est petit et léger, plus est grande l'étendue relative de la surface de support.

Ainsi, comparant les insectes entre eux, le cousin, qui pèse 460 fois moins que le cerf-volant, possède une surface relative de support 14 fois plus grande. La coccinelle, qui pèse 140 fois moins que le cerf-volant, possède une surface relative 5 fois plus grande, etc.

Il en est de même des oiseaux. Le moineau, qui pèse environ 10 fois moins que le pigeon, a 2 fois autant de surface relative. Le pigeon, qui pèse environ 8 fois moins que la cigogne, a 2 fois autant de surface relative. Le moineau, qui pèse 339 fois moins que la grue d'Australie, possède 7 fois plus de surface relative, etc.

Si nous comparons ensuite les insectes aux oiseaux, la gradation devient encore plus frappante. Le cousin, par exemple, qui pèse 97 000 fois moins que le pigeon, a 40 fois plus de surface relative. Il pèse 3 millions de fois moins que la grue d'Australie et possède relativement 140 fois plus de surface que cet oiseau, le plus lourd que M. de Lucy ait pesé, et celui aussi qui a la moindre quantité de surface, le poids étant d'environ 9 kilogrammes et demi et la surface de support de 897 centimètres carrés au kilogramme. La grue d'Australie est pourtant, de tous les oiseaux voyageurs, celui qui entreprend les courses les plus longues et les plus lointaines, celui qui, à l'exception de l'aigle, s'élève le plus haut, et qui soutient le plus longtemps son vol.

Voici le tableau comparatif des recherches de M. de Lucy :

ESPÈCES	POIDS DE L'ANIMAL	SURFACE DES AILES	SURFACE POUR 1 KILOG
Cousin.	3^{mmgr}	30^{mmq}	10^{mq}
Papillon.	20^{gr}	1663	8 1/3
Pigeon.	290^{gr}	750^{cmq}	2586^{cmq}
Cigogne	2265	4506	1988
Grue d'Australie. .	9500	8543	899

Des résultats contenus dans ce tableau, on peut conclure que l'aile est un support différent des parachutes, dont la surface doit croître proportionnellement aux poids qu'ils supportent.

Il paraît que M. de Lucy n'a point donné la formule de la loi à laquelle ces nombres conduisent. Elle est pourtant des plus simples. La surface des ailes, au lieu d'être en proportion du poids, est en proportion de la surface du corps, ou, pour parler d'une façon plus technique, elle est proportionelle au carré des dimensions linéaires au lieu d'être proportionelle au cube. Si nous supposons deux oiseaux ou insectes de semblable structure, dont l'un est 7 fois plus grand que l'autre, le corps du premier présentera 49 fois la surface du second, et il pèsera 353 fois plus ($7 \times 7 \times 7$). Mais la surface des ailes ne sera que 49 fois plus grande au lieu de 343 fois. En d'autres termes, par rapport au poids, le plus petit aura une surface d'aile 7 fois plus grande que l'autre. Et l'on peut voir combien ces nombres théoriques se rapprochent de la réalité quand on se rappelle que les expériences de M. de Lucy ont démontré que le moineau, dont le poids est 339 fois inférieur à celui de la grue d'Australie, n'a, relativement, au poids, que 7 fois plus de surface d'ailes.

Le Dr Hureau de Villeneuve a déterminé la surface alaire convenable pour faire voler une chauve-souris dont le poids serait celui d'un homme : il arrive à conclure que chacune des ailes n'aurait pas une longueur supérieure à 3 mètres. Des recherches analogues ont aussi amené un autre physiologiste, le Hollandais Hartings, à formuler des conclusions identiques.

Il semblerait, au premier abord, que l'on peut calculer l'aire d'un volateur capable d'enlever un homme et qu'il suffit de l'en munir pour qu'il puisse voler ; il n'en est rien, car, bien que ce genre d'observations soit encore peu développé, on a remarqué que, si les grands oiseaux avaient une surface alaire plus petite que ceux de moindre poids, le mouvement de leurs ailes était plus rapide. Il est évident que la forme des ailes fait beaucoup varier ces résultats.

Nous ne pouvons parler des études qui ont été faites sur le vol des oiseaux ; le sujet est très complexe, les théories sont très opposées. Nous ne pouvons mieux faire que de renvoyer nos lecteurs au livre si complet du professeur Marey qui a donné sur ce sujet tous les renseignements complémentaires nécessaires [1].

[1] Marey, *La Machine animale*. — Voir aussi Brehm, *Les Oiseaux*, édition française par J. Gerbe.

CHAPITRE VI

L'AVIATION

Nous avons vu, dans le précédent chapitre, que
deux grands principes sont depuis longtemps en présence pour obtenir la conquête de l'air : l'aéronautique
qui met à profit, pour obtenir l'ascension d'un corps
lourd, un gaz *plus léger que l'air*, renfermé dans une
enveloppe plus ou moins imperméable ; et l'aviation
qui demande à des appareils mécaniques *plus lourds
que l'air*, la force soulevante et propulsive. Or, les
aviateurs eux-mêmes sont séparés en deux camps :
les premiers, et ce sont les plus nombreux, qui pré-
conisent l'hélice comme moyen d'ascension verticale ;
les autres qui préfèrent des appareils descendant d'un
lieu élevé suivant des plans inclinés et appelés *aéroplanes*.

Nous allons examiner successivement ce qui a été

fait et tenté dans ces deux branches, aussi étudiées que l'aéronautique elle-même depuis un siècle ; nous commencerons par l'*aviation* proprement dite, qui a pour objet d'obtenir le vol aérien à l'aide d'appareils plus lourds que l'air et munis de propulseurs quelconques.

La première machine volante à hélice est, sans qu'on s'en doute généralement, relativement assez ancienne. Ce fut en 1784, au moment où l'on ne s'occupait que des ascensions aérostatiques de Pilâtre de Rozier et de Charles et Robert, que deux inventeurs, nommés Launoy et Bienvenu, firent connaître et présentèrent à l'Académie des sciences un dispositif très simple, un *hélicoptère*, formé de deux hélices à quatre ailes dont le moteur était un simple arc de baleine tendu.

Qu'on se figure deux bouchons, dans chacun desquels on a planté quatre plumes d'aile d'un oiseau, de manière à ce qu'elles soient légèrement inclinées comme les ailes d'un moulin à vent, mais dans des directions contraires, ou mieux *opposées* pour chaque groupe. Un axe arrondi et assez long est fixé dans le bouchon supérieur, et il se termine en pointe effilée. En haut du bouchon inférieur, on fixe un arc de baleine avec un petit trou au centre pour laisser passer la pointe de l'arbre. On joint alors les deux extrémités de l'arc par des cordes égales de chaque côté à la partie supérieure de l'axe, et la petite machine est complète. On monte le ressort et on emmagasine une certaine force en tournant les volants en sens contraire, de manière à ce que le ressort de l'arc les déroule, les bords antérieurs étant ascendants ; on place alors sur une table le bouchon supérieur afin d'empêcher le ressort de se détendre ; si on l'abandonne subitement, cet instrument s'élèvera jusqu'au plafond. »

En 1842, M. Philipps réussit à enlever un modèle de ce genre. L'appareil de M. Philipps, construit en métal, pesait 2 livres complet et chargé. Il consistait en un bouilleur ou générateur de vapeur et quatre palettes soutenues par huit bras. Les palettes étaient inclinées de 20° ; à travers les bras s'échappait la vapeur d'après le principe découvert par Héron d'Alexandrie. La sortie de la vapeur faisait tourner les palettes avec une grande énergie, ce qui fit que l'appareil s'éleva à une très grande hauteur et traversa deux champs avant de toucher terre.

En 1845, un nommé Cossus fit connaître un autre système d'hélicoptère se composant de trois hélices horizontales, tournant côte à côte par l'effet d'un moteur à vapeur, mais il ne paraît pas que cette idée ait été mise à exécution, pas plus du reste que celle de M. Aubaud en 1851, de Michel Loup, de Lyon et de Lebris, vers la même époque.

Le projet de Lebris et celui d'Aubaud pouvaient avoir une certaine valeur et il aurait été à souhaiter de les voir mettre à exécution. Le Bris proposait un char surmonté de deux hélices superposées tournant en sens inverse l'une de l'autre par la force humaine, et Aubaud combinait l'emploi de ces hélices avec un système particulier de plans inclinés.

Mais il faut en arriver à l'année 1863 pour trouver la théorie du *plus lourd que l'air* érigée en corps de doctrine et prétendant donner à l'humanité le domaine des airs au moyen de l'autolocomotion à vapeur. C'est à Nadar que revient l'honneur d'avoir créé le grand mouvement d'idées qui se produisit à cette époque en faveur de la navigation aérienne.

Personnellement convaincu de l'inanité de tous les systèmes de ballons dirigeables imaginés jusqu'à cette époque, et persuadé d'autre part que, ce que l'aéronautique ne pouvait procurer, l'aviation le donnerait à l'homme [1], Nadar, qui s'était rencon-

---

[1] Ce fut, dit Nadar, comme je lisais l'un des prospectus fantastiques du sieur Pétin que la lumière de vérité vint à se faire pour moi.

« Quel mécanisme assez puissant, me demandai-je, pourrait-il jamais employer pour faire résister à l'ouragan une masse aussi considérable et tellement plus légère que l'air ?

« Je venais d'être subitement frappé comme saint Paul sur la route de Damas.

« Le problème se trouvait posé du coup dans ses véritables termes : Pour résister à l'air, être d'abord plus *lourd* que l'air (plus dense, si vous

tré avec le romancier La Landelle et Ponton d'Amécourt, personnes imbues comme lui de la même idée, s'associa avec ces opiniâtres chercheurs pour faire réussir la grande idée de l'autolocomotion aérienne par l'hélice.

Le 38 juillet 1863, Nadar réunissait dans ses salons du boulevard des Capucines l'élite du monde de la presse, de la science et des arts, pour leur exposer la doctrine du *plus lourd que l'air*, et le lendemain paraissait dans *la Presse* le manifeste de la nouvelle théorie, que tous les journaux du monde reproduisirent et qui causa une sensation énorme. Voici quelques passages de ce manifeste, véritable chef-d'œuvre de verve, mais que sa longueur nous empêche de reproduire tout entier.

voulez), comme l'oiseau qui n'est pas du tout un ballon, mais que mécanique. »

C'est ainsi que Nadar conçut la pensée de l'aviation ; mais il ne connaissait encore que la théorie de l'aérostation, et il avait hâte de soumettre à l'épreuve de la pratique le projet qui germait en lui : il saisit avec empressement l'occasion qui s'offrit à lui et fit avec les frères Godard plusieurs ascensions. Chacun de ses voyages aériens fortifiait en lui la conviction acquise : « A chaque ascension nouvelle où je m'ajoutais un chevron, dit-il, plus nettement et absolument se formulait dans mon esprit l'axiome : *Être plus lourd que l'air pour lutter contre l'air*, ou, en termes encore plus élémentaires, et comme l'a articulé mon coadjuteur de la Landelle :

« *Être le plus fort pour ne pas être battu.*

« Ce n'est pas avec l'éponge que vous entamez le verre, c'est avec le diamant. »

« A la plume, — *levior vento*, — si le physicien laisse parler le poëte, — à la plume vous aurez beau ajuster et adapter tous les systèmes possibles, si ingénieux qu'ils soient, d'agrès, palettes, ailes, rémiges, roues, gouvernails, voiles et contre-voiles, vous ne serez jamais que le vent n'emporte pas du coup ensemble, au moment de sa fantaisie, plume et agrès.

« Le ballon, qui offre à la prise de l'air un volume de 500 à 1000 mètres cubes d'un gaz de dix à quinze fois plus léger que l'air, le ballon est à jamais frappé d'incapacité native de lutte contre le moindre courant, quelle que soit l'annexe que vous lui dispensiez comme force motrice résistante.

« De par sa constitution et de par le milieu qui le porte et le pousse à son gré, il lui est à jamais interdit d'être vaisseau.

« Étant donné le poids qu'enlève chaque mètre cube de gaz et la quotité de mètres cubés par votre ballon d'une part, et, d'autre part, la force de pression du vent dans ses moindres vitesses, établissez la différence, — et concluez.

« Il faut reconnaître enfin que, quelle que soit la forme que vous donniez à votre aérostat : sphérique, conique, cylindrique ou plane, que vous en fassiez une boule ou un poisson; de quelque façon que vous distribuiez sa force ascensionnelle en une, deux ou quatre sphères; de quelque attirail que vous l'attifiez, vous ne pourrez jamais faire que 1, je suppose, vaille 20, — et que les ballons soient, vis-à-vis de la navigation aérienne, autre chose que les bourrelets de l'enfance.

« Voulez-vous demander historiquement aux faits la confirmation de la théorie? Contemplez cet interminable défilé des inventeurs de systèmes connus pour l'impossible « direction des ballons », vous n'en trouverez pas un qui, en dépit de ses peines et quelquefois d'une intelligence réelle vainement dépensée, ait prouvé quelque chose et fait avancer la question d'un seul pas.

« Pour lutter contre l'air, il faut être spécifiquement plus lourd que l'air.

« De même que spécifiquement l'oiseau est plus lourd que l'air dans lequel il se meut, ainsi l'homme doit exiger de l'air son point d'appui. — Pour commander à l'air, au lieu de lui servir de jouet, il faut s'appuyer sur l'air et non plus servir d'appui à l'air. — En locomotion aérienne, comme ailleurs, on ne s'appuie que sur ce qui résiste.

« L'air nous fournit amplement cette résistance, l'air qui renverse les murailles, déracine les arbres centenaires et fait remonter par le navire les plus impétueux courants.

« De par le bon sens des choses, — car les choses ont leur bon sens, — de par la législation physique, non moins positive que la légalité morale, toute la puissance de l'air, irrésistible hier quand nous ne pouvions que fuir devant lui, toute cette puissance s'anéantit devant la double loi de la dynamique et de la gravité des corps, et, de par cette loi, c'est dans notre main qu'elle va passer. Nous allons à son tour faire servir l'air en esclave, — comme l'eau à qui nous imposons le navire, — comme la terre que nous pressons de la roue.

« La première nécessité pour l'autolocomotion aérienne est donc de se débarrasser d'abord absolument de toute espèce d'aérostat. Ce que l'aérostation lui refuse, c'est à la dynamique et à la statique qu'elle doit le demander.

« C'est l'hélice — *la sainte hélice*, comme disait un jour un mathématicien illustre, — qui va nous emporter dans l'air; c'est l'hélice qui entre dans l'air comme la vrille entre dans le bois, emportant avec elles, l'une son moteur, l'autre son manche. Vous connaissez ce joujou qui a nom *spiralifère?* Quatre petites palettes, ou, pour dire mieux, spires en papier bordé de fil de fer, prennent leur point d'attache sur un pivot de bois léger. Ce pivot est porté par une tige creuse à mouvement rotatoire sur un axe immobile qui se tient de la main gauche. Une ficelle, enroulée autour de la tige et déroulée d'un coup bref par la main droite, lui imprime un mouvement de rotation suffisant pour que l'hélice en miniature se détache et s'élève à quelques mètres en l'air, — d'où elle retombe, sa force de départ dépensée. Veuillez supposer maintenant des spires de matière et d'étendue suffisantes pour supporter un moteur quelconque, vapeur, éther, air comprimé, etc.; — que ce moteur ait la permanence des forces employées dans les usages industriels, — et, en le réglant à votre gré comme le mécanicien fait sa locomotive, vous allez monter, descendre ou rester immobile dans l'espace, selon le nombre de tours de roues que vous demanderez par seconde à votre machine.

« Nous pouvons, je crois, admettre que le plus difficile est fait, — dès que l'hélice nous donne la puissance ascensionnelle, soit verticale, — graduée et facultative.

« L'hélice va compléter son œuvre en nous fournissant le propulseur à pivot horizontal, dont la rapidité, qui sera presque toujours supérieure à celle de l'hélice ascensionnelle, va s'accroître encore de celle obtenue par les plans inclinés, et nous avons la direction.

« On comprendra qu'il ne saurait nous appartenir

de déterminer, dès à présent, dans cet exposé général et primordial ni mécanismes ni manœuvres. Nous ne nous aviserons pas de fixer, même approximativement, la rapidité future des autolocomoteurs aériens. Que la pensée cherche seulement à évaluer, d'aussi loin que ce soit, la marche probable d'une locomotive glissant dans les airs sans déraillements possibles, sans mouvement de lacet, sans le moindre obstacle : — supposez que cette locomotive se rencontre dans sa route, au milieu et dans le sens d'un de ces courants qui donnent jusqu'à 30 et 40 lieues à l'heure ; — additionnez ensemble ces données formidables, et votre imagination va reculer en ajoutant encore à ces vitesses vertigineuses la rapidité d'une machine tombant dans un angle de descente de 4 à 5000 mètres par gigantesques zigzags, et faisant le tour du monde en quelques enjambées fantastiques ! »

Deux jours après la publication de ce manifeste, l'académicien Babinet vint apporter son précieux concours au triumvirat hélicoptéroïdal. Il prononça même, dans le grand amphithéâtre de l'École de médecine, devant une foule considérale, une conférence fort remarquable sur les nouveaux appareils de navigation aérienne, et se servit, pour la démonstration, des petits modèles construits par les soins de M. de Ponton d'Amécourt.

Voici un fragment de cette conférence :

« ... J'ai vu et acheté autrefois chez Giroux, marchand de jouets, alors rue du Coq, un joujou qui était alors fort à la mode et s'appelait *strophéore* (fig. 29). Ce joujou se composait d'une petite hélice libre se

Fig. 29. — Papillon volant.

détachant de son support sous le jeu d'une ficelle enroulée et rapidement tirée. L'hélice était assez lourde, pesant bien un quart de livre, et ses ailes étaient en fer-blanc plein très épais. Cette hélice ne volait pas impunément : son essor était si violent dans les appartements que souvent elle allait briser

la glace de la cheminée, mais cet inconvénient n'arrê-
tait pas les amateurs, parce que généralement, au
moment où la glace volait en éclats, il fallait courir à
l'enfant dont l'œil était crevé du même coup. —
Voici l'un de ces joujoux, comme j'en ai trouvé
beaucoup en Belgique et en Allemagne et dont la
force d'ascension est telle que j'en ai vu un passer
par-dessus la cathédrale d'Amiens, qui est un des
monuments les plus élevés du globe. Vous voyez
qu'en effet l'air de dessous est aspiré et fait le vide
en passant sous les électres, tandis que l'air de dessus les remplit et fait donc le plein, et par ce double
effet l'appareil monte.

« Mais le problème n'est pas encore résolu par
ces joujoux, dont le moteur est extérieur.

« MM. Nadar, de Ponton d'Amécourt, de la Landelle, nous apportent mieux que cela, bien que les
ailes de leurs différents modèles soient tout à fait
rudimentaires et réellement peu dignes de gens qui
veulent montrer quelque chose à ceux qui ont la vue
courte. Ce n'est encore que l'enfance du procédé,
mais il est bon, dès que l'on peut seulement établir
que voici des appareils qui montent en l'air tout
seuls : nous avons là, Messieurs, — *ville gagnée!* —
car — *ce résultat, si petit qu'il soit, est fondamental.*
L'hélice n'est donc pas une chose nouvelle. On a

fait des hélices avant de les nommer. Les moulins à vent ne sont que des hélices : le vent appuie sur des ailes disposées en conséquence et les fait tourner. Dans les turbines, où vous voyez des chutes d'eau de 300 mètres utilisées par un mécanisme qui n'est pas plus gros qu'un chapeau, le phénomène est le même, seulement le vent est remplacé par l'eau.

« L'hélice aérienne présente de grandes difficultés; mais, si on parvient par elle à enlever le moindre poids, *nous sommes certains d'enlever d'autant mieux un poids plus lourd*. Le moteur étant en proportion de la capacité, et la partie agissante proportionnellement beaucoup moindre, il en résulte qu' — *une grande machine est toujours plus efficace qu'une petite*.

« Dans une publication du triumvirat hélicoptéroïdal, ces messieurs font observer avec juste raison qu'une machine à vapeur de 10 chevaux pèse incomparablement moins que dix machines à 1 cheval. On dit en fortification : *Petite place, mauvaise place*; il est encore plus vrai de dire en mécanique : *Petit moteur, mauvais moteur*. La plupart des déceptions qui ruinent les inventeurs proviennent de ce qu'ils jugent de l'effet d'une machine par celui d'un petit modèle qui est ce qu'on appelle un chef-d'œuvre, non susceptible de fonctionner en grand; c'est encore le cas des gens qui calculent le produit d'un champ par le rendement d'une culture faite dans une caisse posée sur leur fenêtre.

« Je le répète *et l'affirme : — votre hélice qui, sans moteur extérieur, enlève une souris, emportera dix fois plus aisément un éléphant.*

« Ces hélices, qui ne semblent d'abord servir qu'à monter et descendre, résolvent de plus le problème de la direction contre un vent modéré. Mlle Garnerin paria une fois de se diriger avec le parachute du point de sa chute à un endroit déterminé et assez éloigné. Par les inclinaisons combinées qu'elle put donner à son parachute, on la vit en effet, très distinctement, manœuvrer et tendre vers la place désignée, et son pari fut presque gagné, à quelques mètres près.

« En résumé, il est positif que vous avez le moyen de vous transporter par le fait seul que vous avez possession du moyen de vous élever. La seule hauteur vous donne la direction. *Dès que vous avez obtenu l'élévation, vous avez employé et placé un capital de force que vous n'avez plus qu'à dépenser comme vous l'entendez.*

« *La cause est plus qu'entendue, et ce n'est plus que l'affaire de la technologie, j'en mettrais ma tête à couper !* »

Quelques jours plus tard, le même académicien écrivait dans *le Constitutionnel* :

« Généralement, toute question bien posée est plus qu'à moitié résolue quand elle ne contrarie aucune des grandes lois de la nature, lois de mécanique, lois de physique, lois de chimie et lois de physiologie. *Or, la navigation aérienne ne contrarie aucun de ces codes. Elle est donc possible.*

« MM. Nadar, de la Landelle et d'Amécourt ont entrepris à grand bruit la solution de cette belle question, savoir, de faire une machine à hélice qui puisse enlever un homme et le soutenir indéfiniment dans les airs ; enfin de lui permettre de se mouvoir jusqu'à un certain point dans le sens et vers le but désiré. *Or, c'est ce que je maintiens d'une exécution infaillible.*

« Voici entre ces messieurs et moi le plan adopté pour avancer sûrement dans la voie de la navigation aérienne par l'hélice. Un petit modèle à échelle précise sera construit à frais modérés. Une petite machine à vapeur à haute pression sera formée d'un tube mince et d'un piston léger, et sa force sera appliquée au ressort moteur des appareils déjà construits et remontera continuellement ce ressort en lui rendant la force qu'il aura perdue par son action sur la double hélice ascensionnelle. Une fois en possession d'un appareil qui s'élèvera en emportant seulement 1 kilogramme, on pourra calculer la dépense d'une machine capable d'enlever un homme ou un poids quelconque, et susceptible, avec des propulseurs aériens, de se diriger (dans de certaines limites de vitesse) au sein d'une atmosphère qui ne sera pas dominée par un vent trop violent. Remarquons que l'hélice, dont les ailes sont à peu près horizontales, ne donne que peu de prise au vent qui entraîne irrésistiblement l'aérostat ordinaire.

« Une fois en possession d'un hélicoptère de force moyenne, ce sera une affaire d'argent que d'en construire un d'une force supérieure, et alors la dépense sera facilement couverte par une association qui trouvera, dans la curiosité publique ou autrement, une rémunération assurée des premiers frais. »

On se rappelle comment se termina cette belle révolution en faveur de l'aviation. Plutôt que de créer une société financière, Nadar, avec son tempérament d'artiste, préféra demander à l'aérostation de quoi la tuer. Il résolut de construire un immense ballon et de chercher dans la curiosité publique les fonds nécessaires pour construire la première aéronef à vapeur.

Le ballon le *Géant*, de 6000 mètres cubes, fut donc construit aux frais du spirituel photographe, et il accomplit plusieurs voyages dont l'un très dramatique de Paris en Hanovre, et terminé par un épouvantable traînage. Mais loin de constituer des rentes à l'aviation avec l'exhibition de son ballon, Nadar se ruina absolument. Tandis que les recettes s'étaient élevées à 100 000 francs, les dépenses avaient dépassé ce chiffre de plus du double.

Les appareils hélicoptères (fig. 30) construits par le mécanicien Froment ou par M. Joseph, sous la direction de M. de Ponton d'Amécourt, étaient fort bien imaginés, et leur poids devait être aussi faible que possible.

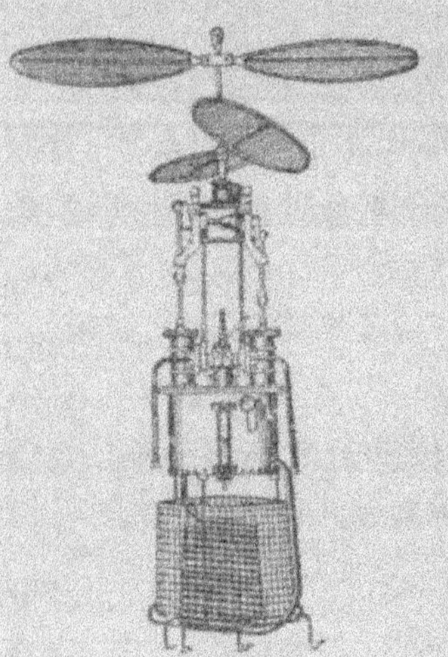

Fig. 30 — Hélicoptère à vapeur, de M. de Ponton d'Amécourt.

Froment livra une petite machine presque entièrement faite en aluminium et qui pesait à peine plus de 2 kilogrammes. On l'essaya au mois de mai 1863. Ce petit chef-d'œuvre de mécanique ne permit pas de faire des expériences sérieuses et ne parvint jamais à s'envoler.

Un autre petit moteur construit par M. Joseph, en 1863, pesant également 2 kilogrammes, ne donna pas de meilleurs résultats.

On supposa que la force de ces moteurs-bijoux était d'environ 1/12 de cheval.

C'était insuffisant comme puissance motrice, sans

quoi l'appareil, au lieu de procéder par bonds et par sauts, se fût maintenu dans l'atmosphère d'une façon parfaitement régulière. En somme il fut constaté que, la machine marchant à la pression normale, l'appareil perdait la moitié environ de son poids, s'allégeant ainsi considérablement.

Depuis l'année 1863 et les travaux retentissants du fameux triumvirat hélicoptéroïdal, il a surgi un grand nombre de projets d'hélicoptères à hélices ascensionnelles, dérivant directement du modèle de M. de Ponton d'Amécourt. Parmi les plus intéressants à étudier, nous citerons ceux de Pomès et de la Pauze (1870); Achenbach (1874); Hérard (1875); Dieuaide (1877); Melikoff et Castel (1877).

Dans le premier de tous ces systèmes, celui de Pomès et la Pauze, l'hélice ascensive était disposée sur un axe oblique, de manière à obtenir une montée oblique. La machine actionnant ce propulseur était un moteur à poudre d'une disposition spéciale et qui paraît fort défectueuse. Un gouvernail quadrangulaire complétait l'appareil.

Dans le système d'Achenbach (fig. 31), l'hélice à quatre ailes était de très grandes dimensions. Son axe pénétrait dans une chambre où prenaient place les voyageurs, autour d'une chaudière à vapeur produisant le fluide nécessaire à la rotation de l'hélice. Une vaste surface en bois s'étendait extérieurement de chaque

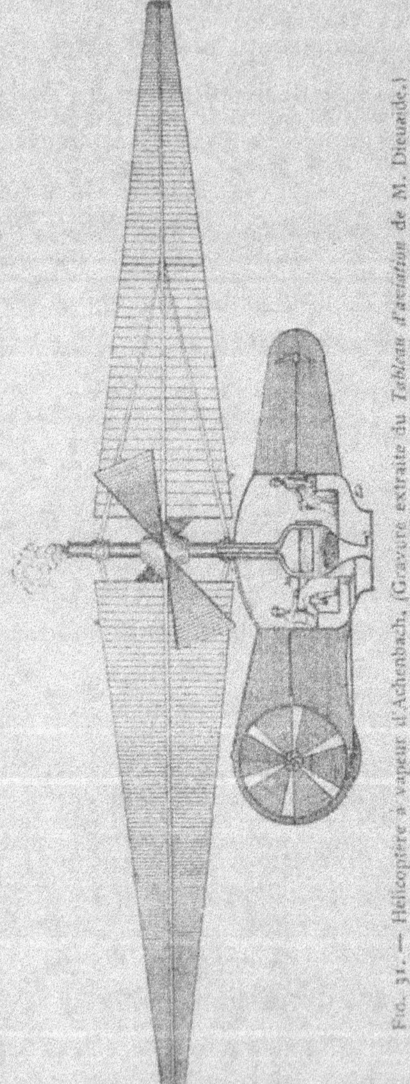

côté de cette chambre, de façon à ce que l'hélice suspensive pût prendre sur l'air un point d'appui plus énergique et plus efficace. L'avant de cette surface servait de taille-vent, l'arrière de gouvernail, et une hélice propulsive était logée dans une ouverture circulaire de ce gouvernail. Enfin, l'hélice supérieure n'avait pas de moteur : la vapeur agissait directement sur elle par un procédé particulier ; puis elle était évacuée à l'extérieur.

La machine appelée *bérardière*, par son inventeur Hérard, différait de celle d'Achenbach en ce qu'elle avait deux hélices, tournant en sens inverse l'une de l'autre par l'action d'engrenages en rapport

Fig. 31. — Hélicoptère à vapeur d'Achenbach. (Gravure extraite du *Tableau d'aviation* de M. Dieuaide.)

avec un moteur à gaz léger. Au-dessous du cercle était fixé tout le bâti mécanique, et suspendue, avec des fils d'acier, une nacelle circulaire où prenait place le voyageur. Les hélices ne servaient absolument qu'à obtenir la montée de tout l'appareil. Pour la direction il suffisait d'incliner une sorte de plateau circulaire (pouvant servir au besoin de parachute), vers le point de l'horizon à atteindre; ce qui s'obtenait facilement en tendant les cordes reliant différents points de ce plateau à la nacelle. Les hélices arrêtées, tout l'appareil sollicité par la pesanteur regagnait la terre suivant un plan incliné. Pour remonter, on n'avait qu'à changer brusquement l'obliquité du système. Cette machine, malheureusement, n'a jamais existé que sur le papier.

Il n'en est pas de même de l'appareil que construisit M. Dieuaide, ancien secrétaire de la Société de navigation aérienne. Ce dispositif (fig. 32) se composait de deux hélices à larges pales carrées, mises en mouvement par des engrenages et un moteur à vapeur recevant le fluide d'une chaudière restant à terre. Il fut constaté dans les différentes expériences qui furent exécutées avec cette machine que l'hélice double n'était pas susceptible, par suite de la perte de force, de donner une force ascensionnelle de plus de 12 kilogrammes par cheval-vapeur.

Le projet de M. Mélikoff a été seulement breveté.

L'originalité de ce système réside principalement dans la disposition de l'hélice ascensionnelle qui peut se

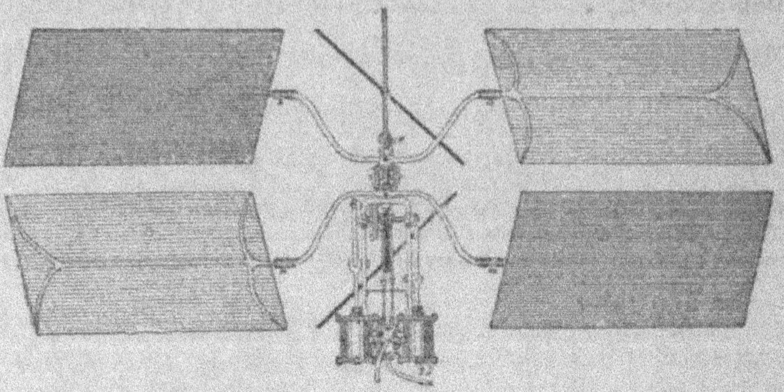

Fig. 32. — Mécanisme hélicoptéroïdal construit par M. Dieuaide.

transformer au besoin en parachute. Une hélice verticale sert pour la propulsion en ligne droite, et le moteur est une machine à éther.

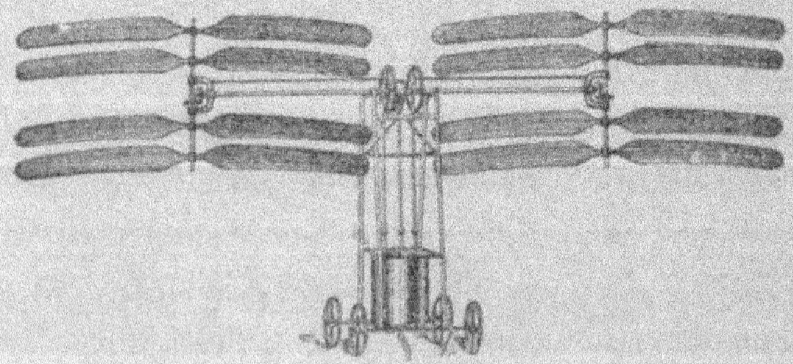

Fig. 33. — Hélicoptère à air comprimé imaginé et construit par M. Castel.

Le modèle d'hélicoptère imaginé par M. Castel en 1878 (fig. 33) a été plusieurs fois expérimenté. Son moteur est l'air comprimé qui communique sa force à l'aide d'engrenages, à quatre paires d'hélices, superposées deux à deux et placées côte à côte, les unes tournant en sens contraire des autres. Un accident a mis fin aux expériences. En naviguant en l'air dans un local fermé, l'appareil alla buter contre la muraille où il se brisa. Dans ce dispositif encore, la force motrice, l'air comprimé, restait à terre, emmagasiné dans un réservoir en rapport avec les pistons par un long tube en caoutchouc.

C'est dans le courant de la même année où M. Castel essayait son modèle d'hélicoptère, que le professeur Forlanini de Milan fit connaître un appareil plus lourd que l'air mû par la vapeur et de beaucoup supérieur à tous ceux qui l'avaient précédé, car ce fut le seul qui s'enleva de terre emportant avec lui son moteur et son producteur de force (fig. 34).

L'hélice ascensionnelle, de grande surface, était mise en mouvement par un engrenage d'angle ayant pour but d'augmenter la vitesse de rotation de l'arbre actionné par les pistons. Le mécanisme moteur, analogue à celui d'une machine à vapeur ordinaire, était soutenu et fixé sur une perche horizontale formant de chaque côté la charpente inférieure d'une aile fixe destinée à offrir une grande résistance à l'air. Enfin la vapeur actionnant le mécanisme était comprimée,

sous une forte tension, dans une sphère creuse suspendue un peu au-dessous de cette traverse. Un ma-
nomètre anéroïde permettait de connaître à tout instant
la pression de la vapeur, qui pouvait développer une
force de 8 à 10 kilogrammètres sur les pistons.

Fig. 34. — Vue de l'appareil à vapeur du professeur Forlanini de Milan.
(Gravure extraite du *Tableau d'aviation*, publié par M. Dieualde.)

Les épreuves du premier modèle de M. Forlanini
furent concluantes. A plusieurs reprises l'appareil
s'éleva dans les airs et une fois il parvint à une hauteur d'une quinzaine de mètres, sans que sa vitesse
eût rien d'anormal. Il est très certainement fort regret-
table que l'inventeur en soit resté là de ses études, au
lieu de les continuer et de construire un modèle plus
grand, et, par suite, plus puissant. Le principe était
certainement bon.

En 1880, le bruit courut qu'Edison, le fameux

inventeur américain, pris d'un beau zèle pour la navigation aérienne, venait d'inventer une machine munie d'ailes, pouvant se diriger à volonté dans tous les sens, à travers les airs, et malgré vents et courants. On représenta même par la gravure ces appareils qui

Fig. 35. — Navire aérien présenté par Edison, pour faire le tour du monde.

avaient la forme allongée du corps d'un oiseau et étaient munis d'une ou plusieurs paires d'ailes immenses, quelque peu semblables par leur aspect et leur contexture aux ailes des chauves-souris (fig. 35). Il eût certainement fallu une force motrice considérable pour agiter ces ailes, et l'eût-on possédée qu'il n'est rien moins que certain que cet oiseau eût pu voler. La conception du grand inventeur nous paraît donc absolument insuffisante. Très compétent en électricité et en mécanique, il n'y a rien d'extraordinaire qu'Edison ne soit pas un savant aviateur.

Nous devons mentionner ici avec les modèles d'hélicoptères construits depuis 1860, les oiseaux mécaniques à vol orthoptère qui ont été imaginés depuis la même époque.

C'est à peu près au moment où Nadar et Babinet lançaient avec tant de fracas leur projet d'autolocomotion aérienne que surgirent nombre d'inventeurs prétendant, avec des appareils imitant la forme des oiseaux, s'élever comme eux dans l'espace. Citons parmi les premiers venus de ces chercheurs le comte d'Esterno, Struve et Telescheff, Claudel, Prigent, Dangeard, qui prétendaient faire mouvoir les ailes de leurs appareils avec la seule force humaine.

Ce fut après 1870 que M. Penaud entreprit ses recherches sur le vol des oiseaux et qu'il construisit ses premiers modèles démonstratifs mus par le caoutchouc tordu qui emmagasine une certaine force motrice sous un faible poids. Le premier dispositif qui fut créé par cet ingénieux savant est celui qui est dit *planophore*, et se compose d'une tige droite, supportant plusieurs plans à bords relevés et munie d'une hélice à l'arrière. Ce modèle pouvait parcourir 5 à 6 mètres par seconde pendant tout le temps que le caoutchouc mettait à se dérouler.

Pendant plusieurs années, M. Penaud poursuivit ses intéressantes études et fit connaître successivement plusieurs dispositions d'oiseaux mécaniques qui tous volèrent avec une certaine rapidité.

Mais, en même temps que lui, d'autres constructeurs s'étaient mis à l'œuvre, Pline et Jobert notamment. Jobert expérimenta même, en 1872, deux modèles d'oiseaux mécaniques, dont les ailes étaient mues par le caoutchouc tordu et qui fonctionnèrent parfaitement. Le premier de ces deux modèles avait un axe horizontal avec une queue formée par une surface triangulaire et les ailes changeaient de plan en battant l'air, imitant ainsi la flexion naturelle de l'aile de l'oiseau. Le second appareil avait quatre ailes qui, au rythme du trot, lui permettaient de franchir une certaine distance et de se maintenir en l'air pendant la durée d'action du moteur.

M. le Dr Hureau de Villeneuve, vice-président de la Société française de navigation aérienne, a imaginé en 1875 un système analogue, que nous avons pu voir fonctionner. L'axe de rotation des ailes de cet oiseau mécanique est incliné à 45°. La vitesse de l'appareil est de 9 mètres par seconde en air calme (fig. 36).

M. de Villeneuve a d'ailleurs construit plusieurs modèles d'oiseaux artificiels, dont le poids varie de 100 grammes à 1500 kilogrammes. A la dernière réunion des sociétés savantes, il a appuyé ses dissertations théoriques sur le vol des oiseaux en lançant jusque sur le bureau du président un exemplaire de ses appareils, du poids de 200 grammes.

Nous terminerons ce chapitre en mentionnant les travaux d'un fervent aviateur, M. de Louvrié, qui a

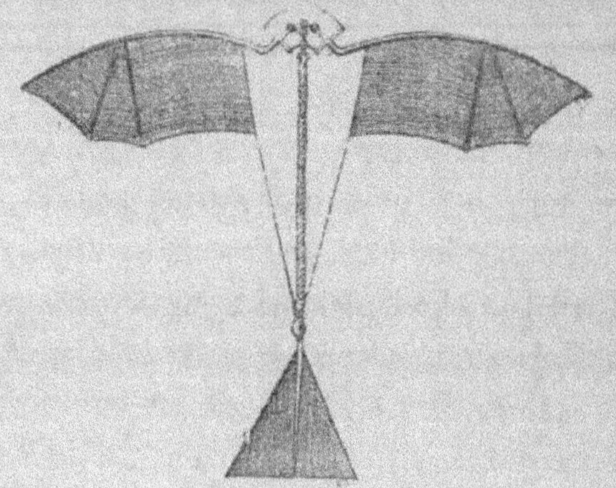

Fig. 36. — Oiseau mécanique du docteur Hureau de Villeneuve.

imaginé plusieurs dispositifs d'oiseaux mécaniques et d'appareils de vol aérien. Nous citerons particulièrement l'*aéroscaphe*, sorte de cerf-volant à ailes mobiles, paru en 1863, et l'*anthropornis*, dont les ailes sont abaissées par le jeu d'un moteur à vapeur, et relevées par la traction d'un ressort. Mais nous ne nous y arrêterons pas, ces systèmes qui, en grand, n'auraient probablement donné aucun résultat, n'ayant jamais existé que dans la cervelle de leur inventeur.

Depuis 1878, époque où M. Forlanini en Italie et M. Dieuaide en France ont fait leurs essais à l'aide de leurs modèles d'hélicoptères, aucun travail bien sérieux n'a paru sur l'aviation, qui semble être abandonnée par les chercheurs découragés. On en est revenu à l'antique bouée aérienne de Montgolfier, qui, au moins, donne sans peine la force soulevante recherchée, et, soit par impossibilité de trouver mieux, soit pour toute autre raison, les ingénieurs aéronautes actuels ont conservé le *flotteur aérien*, nécessaire pour soulever leurs machines motrices et leurs propulseurs.

CHAPITRE VII

PROJET DE L'AUTEUR

Nous nous excuserons, en commençant ce chapitre, d'être obligé de parler de nous et de nos travaux; cependant, comme nous croyons utile de
mentionner ici nos recherches personnelles sur la
navigation aérienne, dans le but de hâter surtout
son avènement, nous nous permettrons de poser le
problème sous son véritable jour, et de donner notre
idée sur sa solution.

En suivant attentivement l'ordre suivant lequel
les tentatives et les projets d'aviation se sont produits, on peut voir que la théorie de la navigation
aérienne par appareils plus lourds que l'air n'est
clairement posée que depuis vingt ans environ. Ce
n'est, en effet, que depuis Babinet et le triumvirat
hélicoptéroïdal, qu'on est bien convaincu que l'avia-

tion est parfaitement possible et que sa solution ne tient qu'au poids du moteur, et rien de plus.

La pesanteur à la surface de la terre, ou l'attraction du centre, est telle qu'un poids quelconque abandonné à lui-même tombe de $4^m,90$ pendant la première seconde, suivant la loi bien connue qui régit la chute des corps. Pour permettre à un objet grave de quitter le sol et de s'élever dans l'atmosphère, en faisant appel aux seules lois mécaniques, il s'agit d'abord de contre-balancer l'effort de la pesanteur, puis de le doter d'une faible puissance pour le faire s'élever. Il est facile de calculer qu'il faut dépenser $4^{kgm},9$ par kilogramme de poids pour contre-balancer la force d'attraction et faire, en quelque sorte, que ce kilogramme *ne pèse plus rien*.

En partant de ce principe, on voit, comme nous l'avons dit plus haut (chap. VI, p. 268), que le vol humain est impossible, attendu qu'il faudrait qu'un homme pût disposer d'une force musculaire vingt fois supérieure à celle qu'il possède, pour quitter le sol avec un appareil dont il serait le seul moteur.

La puissance d'un cheval-vapeur (75 kilogrammètres) permet d'équilibrer avec la pesanteur un poids de 15 kilogrammes. Il s'agit donc de savoir si l'industrie peut fournir actuellement un moteur développant

75 kilogrammètres *effectifs* de puissance, et dont le poids soit inférieur à 15 kilogrammes. La réponse ne va pas être douteuse.

Les plus légères machines à vapeur qui aient été construites sont celles de M. Dutemple. M. Herreschoff possède un moteur de ce système qui pèse, vide, avec sa chaudière et ses appareils, 22^{kg},500 pour 4 chevaux-vapeur, soit 5^{kg},625 par force de cheval. Mais avec son approvisionnement d'eau et de combustible pour une heure seulement, ce poids est triplé et se trouve porté à 15 kilogrammes par cheval. Et c'est certainement là le maximum de légèreté qu'on puisse donner à une machine à vapeur ; les machines pour les torpilleurs pesant 27 kilogrammes par cheval et les moteurs industriels de 50 à 100 kilogrammes pour la même puissance.

La machine à vapeur étant donc trop lourde pour être employée en aviation, à quelle force recourir ? A l'électricité ? Le moteur Siemens et la pile au bichromate de Tissandier pesaient ensemble 220 kilogrammes, soit 127 kilogrammes par cheval-vapeur. La pile Renard et la dynamo Gramme développant 8 chevaux, pesaient 535 kilogrammes ou 66 kilogrammes par cheval. L'électricité est encore, — actuellement s'entend, — plus inapplicable à la navigation aérienne que la vapeur.

Si nous faisons appel aux autres moteurs industriels, nous voyons que le meilleur moteur à gaz, produisant lui-même l'air carburé qu'il consomme (moteur Lenoir, dernier perfectionnement), pèse 800 kilogrammes par puissance de cheval. Le moteur à air comprimé ne marchant que pendant un temps limité, pèse au minimum 150 kilogrammes par cheval-vapeur. Enfin nous ne trouvons actuellement aucun moteur qui réponde aux conditions *sine qua non* de poids permettant de les employer pour l'aviation.

En d'autres termes, il faut chercher en dehors des puissances industriellement employées, pour trouver le moteur léger sans lequel la navigation aérienne par le plus lourd que l'air n'est pas possible. La chimie nous en offre un grand nombre : poudre, dynamite, éther, gaz, ammoniac, acide carbonique, etc. Nous allons examiner chacune de ces substances à tour de rôle.

L'emploi de la force expansive de la poudre est déjà ancien. Il remonte à Huyghens, et c'est de la machine à poudre que dérive directement la machine à vapeur inventée par Papin pour perfectionner l'appareil du savant hollandais. Ce serait retourner d'un siècle en arrière que de songer à utiliser cette force peu maniable, — aussi peu maniable du reste

que la dynamite et les autres corps endothermiques
ou explosifs inventés dans le courant de ces dernières
années. A moins, alors de les employer en leur faisant produire une vive réaction sur l'air, comme
procédaient MM. Ciurcu et Buisson dans leurs expériences du commencement de l'année 1887.

En 1865, on parla beaucoup de nouvelles machines
à éther et vapeur combinés; plusieurs spécimens
furent même montés sur des bateaux de transport,
mais, expérience faite, il fut reconnu que la force
motrice obtenue n'était supérieure sous aucun rapport à celle de la vapeur d'eau seule : au contraire,
l'éther et le chloroforme offraient un danger permanent d'incendie.

Restent le gaz ammoniac et l'acide carbonique.

Le premier de ces corps présente l'avantage, une
fois dissous dans l'eau, d'exiger beaucoup moins de
calorique pour se transformer en vapeur sous pression que n'en demande l'eau seule. (Cette expérience
a été faite en 1867 par l'ingénieur Frot, qui écono-
misait ainsi 60 pour 100 de combustible.) Soumis à
un refroidissement de 40° sous la pression atmosphérique, le gaz ammoniac se liquéfie. Si on chauffe
ensuite ce liquide à 0°, il se transforme en vapeur à
4 atmosphères de pression; à 20°, la tension atteint
8 atmosphères. Cela revient à dire que, sans cha-

leur, on obtient cependant une force, une pression qu'on peut utiliser.

Avec l'acide carbonique, liquéfié à l'aide de l'appareil Thilorier modifié par Donny, ou au moyen des pompes Cailletet, les pressions obtenues sont formidables. On a constaté à Essen, lors de la fabrication d'un canon Krupp, dans le moule duquel on avait introduit de l'acide carbonique liquide, une tension de 1200 atmosphères! C'est pourquoi il a été fait quelques essais isolés dans le but d'employer ce liquide comme fluide moteur. Nous connaissons plusieurs de ces tentatives.

Il a été reconnu qu'on ne pouvait pratiquement chauffer l'acide carbonique liquéfié au delà de son *point critique* qui est à + 31° C. A cette température l'acide a 70 atmosphères de pression. Pour le condenser de nouveau, il suffit de le faire passer dans un apppareil où il se trouve soumis à un froid de 40°. La contre-presssion est alors de 19 atmosphères.

Ainsi donc, l'ammoniaque et l'acide carbonique, dissous dans l'eau ou liquéfiés par le froid et la pression combinés, emmagasinent une grande quantité de chaleur qu'ils peuvent rendre sous forme de travail mécanique. La théorie mécanique de la chaleur n'est nullement en contradiction avec les faits que nous citons. Un réservoir de gaz ammoniac ou d'acide carbonique est simplement un *accumulateur de force*, ni plus ni moins que s'il contenait de l'air comprimé. Reste à savoir si ce réservoir serait d'une assez grande légèreté pour constituer une chaudière motrice ne pesant pas plus de 4 à 5 kilogrammes par force de cheval. Or, c'est ce que nous maintenons exact.

Nous avons donc combiné deux appareils plus lourds que l'air : un hélicoptère et une aéronef à à grande vitesse qui, certainement, nous donneraient la solution tant cherchée du difficile problème de la navigation aérienne à grande vitesse.

Voici la description de ces deux engins.

Le premier (fig. 37) aurait pour but de démontrer simplement la supériorité de l'aviation sur l'aéro-nautique, et la possibilité pratique de la suspension d'un corps pesant dans l'atmosphère, — chose dont tant de personnes, même éclairées, doutent encore aujourd'hui. Sa forme rappellerait absolument celle des *papillons* en papier que l'on vend dans les bazars à la différence près que le moteur, au lieu d'être un faisceau de lanières de caoutchouc tordues, serait un petit réservoir d'acide carbonique liquéfié en rapport par un tube avec une petite machine motrice à trois cylindres (disposition Brotherhood). Après avoir travaillé successivement sur les deux faces des

des trois pistons, le gaz serait évacué simplement à l'air libre. La marche de l'appareil, ou plutôt sa suspension dans l'atmosphère, due au mouvement de rotation de sa double hélice, serait donc entièrement subordonnée à la question de la capacité du réservoir.

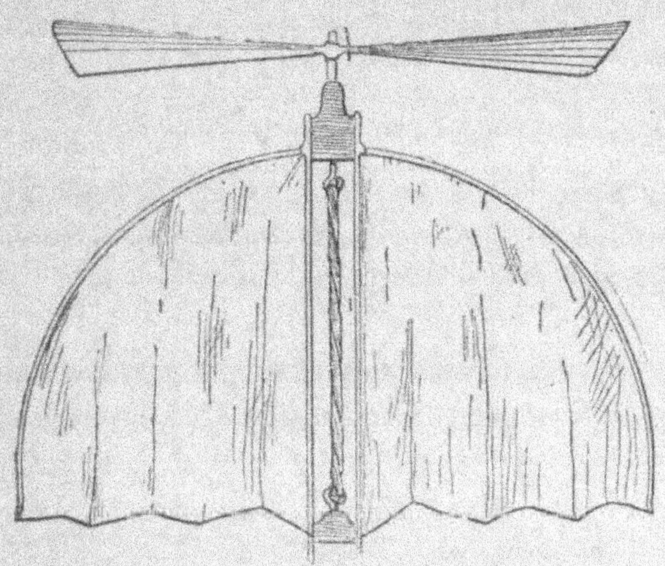

Fig. 37. — Hélicoptère papillon, mû par le caoutchouc tordu.

Un semblable appareil serait d'un prix excessivement modique. Aussi est-il à espérer qu'il sera avant peu construit et essayé. Voici, d'après l'épure que nous avons tracée et les calculs auxquels nous nous sommes livrés à son sujet, quelques-uns des chiffres que nous avons trouvés :

Capacité du réservoir d'acide liquide. . . . . . . 18^{lit}

Durée de son débit. . . . . 20$'$

Poids du réservoir. . . . . 43^{kg}

Poids de la machine. . . . . 17 $\left.\right\}$ POIDS TOTAL

Poids de l'appareil. . . . . 35 $\left\{\right.$ 160^{kg}

Poids de l'aviateur. 65

Nombre de tours d'hélice suspensive par minute. . 600^t

Surface totale des trois pistons. . . . . . . 850^{cmq}

Diamètre. . . . . 0^m,06

Pression, à 12° C. . . . . 40^{atm}

Travail sur les pistons, à pleine pression (75 p. 100
  rendement). . . . . 2500^{kgm}

Avec détente à moitié de la course. 1250

Force en chevaux-vapeur de 75 kilogrammètres. 16^{ch},5

Force ascensionnelle obtenue. . . . . 240^k

Vitesse de l'ascension, par seconde. . . . . . 3^m

Avec un semblable appareil (fig 38 et 39) on pourrait donc monter à 2500 mètres de hauteur et descendre ensuite en plan incliné vers un lieu choisi à l'avance; ou bien, déployant de grandes voiles, se laisser emporter par le vent.

Après cet appareil de démonstration peu coûteux, nous proposerions notre second dispositif, qui n'en est qu'un perfectionnement, et que représente, en élévation, la figure ci-contre. On voit que cette aéronef a absolument l'aspect d'une sorte de navire sous-marin, mais formé de matériaux d'une grande légèreté. A la partie supérieure se trouvent deux hélices à quatre ailes, tournant en sens inverse l'une de l'autre.

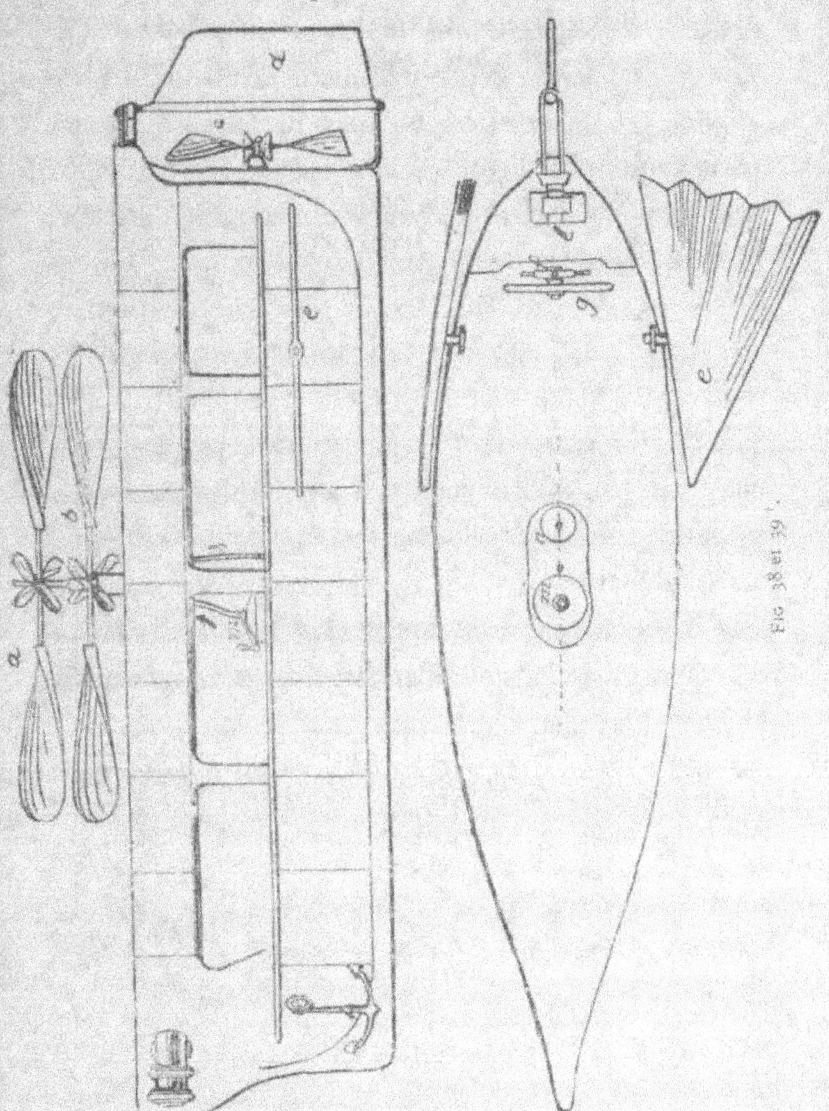

Vue en élévation et en plan d'une aéronef à grande vitesse. — *a*, hélice suspensive tournant de droite à gauche; *b*, hélice suspensive tournant de gauche à droite; *c*, hélice propulsive; *d*, gouvernail; *e*, plan incliné développable; *f*, *g*, roues des gouvernails; *m*, chaudière motrice; *n*, condenseur.

A l'arrière se trouve une hélice propulsive à pas très allongé, un large gouvernail pour la direction horizontale, et deux plans inclinés mobiles, à surface variable pour la direction dans le sens vertical. Nous avons calculé et fait le plan d'un premier modèle, pouvant emporter trois passagers, et dont les dimensions seraient les suivantes : longueur 10 mètres, largeur 3^m,50, hauteur 2^m,25, tonnage 40 mètres. Le réservoir à acide carbonique est remplacé par une chaudière formée d'un serpentin en acier plongeant dans un bain-marie chauffé à 28°. Après avoir travaillé sur les deux faces des pistons, le gaz revient à un condenseur où il se liquéfie avant d'être renvoyé à la chaudière par une pompe. Un tuyau entouré de calorifuge dessert spécialement le petit moteur de l'hélice propulsive. Au surplus, voici la légende complète du système :

	POIDS
Membrure en acier et couverture en soie vernissée. . .	140^{kg}
Hélices; propulseur et gouvernails.	65
Mécanismes moteurs.	120
Chaudière et condenseur.	235
Approvisionnements divers (eau, acide, etc.). . . .	60
Machines et objets divers.	60
Trois aéronautes à 65 kilogrammes en moyenne. . .	200
Soit un TOTAL de.	880^{kg}

Nombre de tours d'hélice suspensive par minute. . 450^t
Surface totale des pistons de la machine. . . . . 325^{smq}

Diamètre des pistons. . . . . $0^m,12$

Pression à 28° C. . . . . 65^{atm}

Contre-pression dans le condenseur. 20

Effort total produit, en kilogrammètres (75 pour 100 rendement théorique). . . . . $12\,180^{kgm}$

Avec détente, à moitié de la course. . . . . $6\,090$

En chevaux-vapeur de 75 kilogrammètres. . . . 80^{ch}

Force ascensionnelle obtenue (poids du matériel déduit). . . . . 160^{kg}

Puissance du moteur de l'hélice propulsive. . . . 10^{ch}

Nombre de tours maximum, à la minute. . . . 600^t

Vitesse de translation, à l'heure (en air calme). . 180^{km}

Qu'on ne taxe pas d'erreur les chiffres que nous donnons ici : ils sont le résultat d'une étude approfondie et basée sur les lois les plus rigoureuses de la physique et de la mécanique. En ajoutant que le premier modèle de démonstration pourrait coûter quelques milliers de francs à peine, et que le second, l'aéronef, ne coûterait pas un vingtième de million, nous aurons dit tout ce qui a trait à nos deux appareils.

On se rappelle qu'en 1863 l'immense agitation causée par le manifeste de l'autolocomotion aérienne n'eut aucun résultat. Malgré tout son enthousiasme et tout le talent de ses collaborateurs, Nadar ne parvint qu'à construire le *Géant* et non à faire la première aéronef dirigeable. D'ailleurs, aurait-il eu plusieurs millions à sa disposition à cette époque, qu'il n'aurait pas réussi pour cela, ne possédant alors comme force motrice que la vapeur, insuffisante ainsi que nous l'avons vu, pour l'usage qu'on en voulait faire.

Profitant de cette expérience, nous procéderons autrement pour arriver à la réalisation de notre projet, établi aujourd'hui sur des bases certaines, d'une réussite mathématique, et qui sera due à l'emploi des moteurs à haute pression qui, seuls, peuvent donner la clef du problème. Après avoir fait connaître, par la plume et par la parole, ces projets que, depuis plus de dix ans, nous mûrissons, et pour l'étude desquels nous nous sommes fait aéronaute, nous ferons appel à tous les amis désintéressés du progrès : nous ouvrirons une immense souscription nationale pour obtenir le dixième de million nécessaire à la réalisation pratique des aéronefs. Et si, réellement, l'heure de la navigation aérienne a sonné à l'horloge des temps ; s'il est reconnu que l'avènement de cet immense progrès est arrivé, alors l'aviation ne sera plus un mythe, et, certes, le dernier pas sera rapidement franchi par celui qui aura été désigné par le hasard pour conquérir définitivement l'atmosphère et la parcourir à sa volonté, du pôle nord au pôle sud de notre planète !

CHAPITRE VIII

LES AÉROPLANES

Nous avons vu dans un précédent chapitre que les appareils de navigation aérienne plus lourds que l'air pouvaient être rangés dans trois catégories différentes, suivant la forme de leurs ailes propulsives.

D'abord les systèmes orthoptères (ou à *ailes plates*), qui, s'appuyant sur l'air à la façon des parachutes, prennent, à la montée, la forme de résistance moindre, alors qu'à la descente cette résistance devient maxima. Supposons, pour mieux fixer nos idées, deux parapluies dont chacun se déploie pour soutenir le corps et se replie pour remonter. Dans cette catégorie doivent être rangés les appareils munis de palettes qui se placent horizontalement pour battre l'air et se relèvent verticalement; les ailes des oiseaux rappellent ce procédé, qui a été imité par un grand nombre d'inventeurs, depuis le serrurier Besnier jusqu'au docteur Hureau de Villeneuve.

Dans la seconde classe, se rangent les appareils à ailes contournées en hélice : gyroptères, hélicoptères, strophéors, etc. Nous avons vu que c'est surtout à cette disposition que les inventeurs se sont attachés, car elle est très pratique. Malheureusement, elle n'a pas donné tous les résultats qu'on est en droit d'en attendre, par suite de l'insuffisance des forces motrices mises actuellement au service des aviateurs.

La troisième méthode, que nous allons étudier ici, a pour principe le cerf-volant ; les machines de cette catégorie portent le nom d'*aéroplanes*. Elles se composent en principe d'une surface légèrement inclinée et à laquelle on communique un mouvement horizontal. La première qui ait été imaginée date de l'année 1843, et est due à un nommé Henson. Le trait principal de cette invention consistait dans le développement des plans de support, qui étaient plus grands, en proportion du poids à élever, que celui de beaucoup d'oiseaux. La machine avançait, *son bord antérieur faiblement élevé*, ce qui avait pour effet de présenter sa surface inférieure à l'air sur lequel elle passait, lequel, par sa résistance, agissait sur elle comme un vent fort sur les ailes d'un moulin à vent et empêchait la descente de la machine et de sa charge.

La suspension du tout dépendait donc de la *vitesse avec laquelle il voyagerait à travers l'air* et de l'*angle suivant lequel sa surface inférieure rencontrait l'air en avant.*

La machine toute prête à voler était lancée sur un plan incliné, elle atteignait en le descendant une vitesse suffisante pour la soutenir dans sa progression.

Cette vitesse devait se trouver détruite peu à peu par la résistance de l'air ; la machine à vapeur, activant des palettes, obviait à cet inconvénient.

L'appareil consistait en un chariot contenant des marchandises, des passagers, la machine et le combustible, etc., auquel était attaché un grand cadre en en bois ou en bambou, couvert de taffetas ou de soie huilée. Ce cadre s'étendait de chaque côté du chariot comme les ailes ouvertes d'un oiseau et restait immobile. A l'arrière se trouvait un gouvernail ; des roues devaient agir sur l'air à la manière d'un moulin à vent. La quantité de toile ou de taffetas tendue pour supporter la machine était égale à un pied carré pour chaque demi-livre.

Wenham proposa de superposer ces plans de résistance en les réduisant de surface. Ils devaient être inclinés et mus par des hélices verticales.

Cette idée fut reprise après lui et complétée par M. Stringfellow, qui construisit en 1868 un aéroplane à trois plans de glissement superposés, de 28 pieds carrés de surface sans compter la *queue* servant de gouvernail. Deux hélices à deux ailes, mises en mouvement dans le modèle par un faisceau de lanières de caoutchouc tordues, et qui devait être actionnée par une machine à vapeur dans l'appareil définitif, servaient à obtenir la propulsion de tout le système.

C'est vers la même époque qu'apparut le projet de M. Aubaud, qui munissait les plans inclinés de son aéroplane, d'hélices horizontales ascensives permettant à l'appareil de gagner rapidement une certaine altitude avant de s'abandonner à la résistance de l'air.

Dix ans auparavant, on avait beaucoup parlé des essais de l'*oiseau mécanique* des frères Du Temple, oiseau artificiel, ou mieux aéroplane, d'un seul plan de glissement et dont l'hélice propulsive tournait par l'effort d'une machine à vapeur légère. L'appareil présentait, en plan, la forme d'un œuf coupé en deux, suivant son grand axe. C'était dans cette espèce de nacelle que les expérimentateurs prenaient place, auprès du moteur et de la provision de combustible. De chaque côté de cette petite nef s'étendait deux immenses ailes, fixes et rigides, et de forme à peu près triangulaire. A l'avant, enfin, se trouvait une hélice propulsive à six branches agissant par traction pour entraîner l'oiseau sur plan incliné ascensionnel. Mais il est juste de dire que cet appareil ne donna jamais les résultats qu'on en attendait, et, en général, on peut ajouter que tous ces projets d'aéroplanes étaient destinés à l'échec qu'ils ont subi; d'abord les plans de suspension sont rigides, ensuite ils frappent l'air sous un angle fixe, puis il faut une grande vitesse initiale de propulsion à cette machine pour pouvoir prendre vent, enfin elle ne pourrait voler contre le vent, vu sa grande surface. Autant vaut donc employer les ballons, qui, eux au moins, ont l'avantage de nous élever dans les airs.

Toujours à la même époque (de 1855 à 1865), plusieurs projets d'aéroplanes avaient surgi. Citons celui de Carlingford, de Michel Loup de Lyon, de Smythies, de Struve et Telescheff, du comte d'Esterno, de Claudel et de Le Bris (fig. 40). Ainsi qu'on le voit, les inventeurs d'aéroplanes sont nombreux, malgré les insuccès de leurs devanciers.

L'appareil du vicomte Carlingford ne diffère que par la forme de celui de M. du Temple. Comme celui-ci, il était muni d'une hélice à l'avant et de deux grandes ailes fixes; mais il possédait de plus, et comme le modèle Stringfellow que nous avons décrit, un gouvernail en forme de queue.

Le modèle de Michel Loup était monté sur roues: il présentait l'aspect extérieur d'un oiseau, dont les ailes

tournaient sur leur axe comme de véritales hélices. Celui
de Smythies était une combinaison de plans inclinés
et d'ailes à clapets. Le dispositif de Struve et Telescheff
était plus compliqué encore. Celui du comte d'Esterno
revenait à la forme imaginée par M. du Temple,
comme aussi celui de Claudel. Enfin le système de
Le Bris était le plus simple de tous. Il ne possédait pas
de propulseur et il suffisait, pour lui faire gagner les

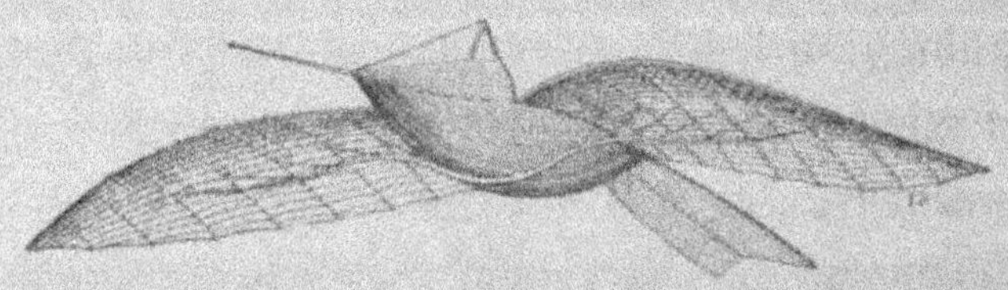

Fig. 40. — Appareil à vol aéroplane, inventé par Le Bris en 1862.

régions moyennes de l'atmosphère, d'orienter ses
ailes à une certaine façon. Il devait s'élever seul,
mais il est probable qu'il ne put jamais quitter le sol.

De 1805 à 1887, il a été décrit un grand nombre
d'aéroplanes, dont peu, en somme, ont été construits.
Les meilleurs se rapportent à la disposition de l'oiseau
mécanique de du Temple; les modèles à plans inclinés superposés n'ayant pas donné les résultats qu'on
en attendait ont été à peu près abandonnés.

En 1867, plusieurs projets intéressants surgirent.
Ce furent ceux de Kaufmann, de Smith, et de Butler

et Edwards. Nous devons dire quelques mots de chacun d'eux.

L'aéroplane de Kaufmann était monté sur roues et possédait des ailes mises en mouvement par la vapeur. Il fut construit, mais les résultats qu'il donna demeurèrent inférieurs à ceux des spiralifères que l'on construisait à cette époque. Le modèle de Smith, qui ne paraît pas meilleur, possédait, au lieu d'ailes, une double hélice ascensive tournant par l'effet d'une machine motrice. Il ne paraît pas avoir existé autre part que sur le papier. Enfin le dispositif de Butler et Edwards paraît le meilleur et le plus simple des trois.

Cet aéroplane a la forme de ces flèches triangulaires que les écoliers fabriquent avec une feuille de papier. Deux de ces surfaces sont horizontales par rapport au sol ; la troisième, qui est verticale, sert de quille, et c'est dans une échancrure de cette quille que se trouve placée la chaudière à vapeur.

Au lieu d'agir sur des pistons et de mettre en mouvement une hélice ou tout autre propulseur, la vapeur de cette chaudière agit directement sur l'air par réaction. C'est-à-dire qu'un tuyau la conduit à l'arrière de l'aéroplane où elle s'échappe. L'appareil n'avance, on peut le dire, que par la *force de recul* qu'il éprouve lorsque cette vapeur s'élance hors du tube d'échappement.

En faisant varier la position de la chaudière, et, par suite, le centre de gravité de tout le système, l'aéroplane monte ou descend à volonté. Cet appareil, construit en petit, n'a jamais été sérieusement expérimenté.

Avant d'arriver à M. Victor Tatin, qui a construit les aéroplanes qui ont le mieux fonctionné de tous les modèles de cette espèce, nous rencontrons, en 1871, le système de l'Anglais Thomas Moy, en 1876, l'aéroplane de Pénaud et Gauchot et, en 1879, l'oiseau de Brearey. Nous allons étudier successivement ces trois appareils.

Le dispositif imaginé par Thomas Moy (fig. 41) se composait d'un bâti vertical encadrant la circonférence de deux hélices à six ailes très larges placées sur le plan. Au milieu de la hauteur de ces hélices, se trouvaient les plans de glissement. Les propulseurs devaient être actionnés par la vapeur et l'appareil tout entier était monté sur roues. Cet aéroplane a été construit, mais il n'a jamais pu quitter le sol.

L'aéroplane édifié par Pénaud et Gauchot était parfaitement compris dans toutes ses parties. Il était monté sur pattes flexibles pour ne pas se détériorer en retombant, et une petite machine à vapeur actionnait deux hélices jumelles placées à la partie antérieure. Un gouvernail servait à régler la direction de tout le système. Nous ne savons si cet appareil a été construit et essayé.

L'oiseau de Brearey est extrêmement simple comme
construction. C'est simplement un assemblage flexi-
ble, présentant extérieurement la forme des ailes d'un
oiseau. A l'avant, se trouve le moteur à vapeur qui
met en mouvement l'hélice de traction, et change le

Fig. 41. — Aéroplane de Thomas Moy, vu par l'avant.

centre de gravité du système suivant qu'on la glisse
quelque peu vers l'avant ou l'arrière de l'oiseau qui
est muni d'une queue en forme de gouvernail.

Nous en arrivons enfin au dernier modèle d'aéroplane qui ait été construit *et essayé*, — avec succès, il
faut le constater. Ce modèle est celui imaginé par
M. Tatin dont nous parlions tout à l'heure, et qui a
été expérimenté à Meudon en 1879.

La forme extérieure de cet appareil se rapproche
beaucoup de celle que Pénaud avait donnée au dispositif qu'il avait créé avec Gauchot. Mais la force mo-

trice diffère; M. Tatin a préféré l'air comprimé à la vapeur, et c'est sous la pression de ce fluide actionnant ses deux hélices propulsives placées à l'avant, que l'aéroplane a quitté le sol, à la vitesse de 8 mètres

Fig. 42 — Oiseau mécanique de Brearey. *(Tableau d'aviation de M. Dieuaide.)*

par seconde. Cette expérience est la seule qui ait pleinement réussi avec un aéroplane.

La surface des plans inclinés [1] est un inconvénient capital. Aussi croyons-nous que jamais on ne réussira pratiquement à faire du vol aéroplane, quel que soit le moteur employé.

[1] 1 mètre carré de surface plane équilibre 1 kilogramme de poids.

CHAPITRE IX

RÉSUMÉ DE LA QUESTION

Dans toutes les descriptions de systèmes de navigation aérienne qu'on vient de lire, nous nous sommes attaché à donner simplement l'aspect de chaque appareil et les résultats auxquels leur expérience a conduit, sans nous appesantir sur les critiques qu'on en pouvait faire. Dans le présent chapitre, nous examinerons l'état actuel de la question et la meilleure qui peut en être donnée.

Le nombre d'appareils, vraiment rationnels, de navigation aérienne, par le plus léger ou par le plus lourd que l'air, est des plus restreints. Après une étude consciencieuse, on ne trouve devant soi, dans la première catégorie, que le ballon de Meudon et le torpilleur de M. Yon ; dans la seconde, que l'hélicoptère de Forlanini, et les oiseaux mécaniques embryonnaires de Jobert et de Pénaud. Car, — et c'est là notre intime conviction, — nous le répétons, les aéroplanes ne sont pas praticables en grand, non plus que le vol humain.

Nous avons vu que les aéronautes avaient obtenu, à l'aide des ballons allongés, des résultats de direction qui n'ont pu être imités jusqu'à présent par les aviateurs, dont aucun n'a quitté le sol avec son appareil. Il est bon de rendre à chacun la justice à laquelle il a droit, et on ne peut nier que ce soit Henri Giffard qui ait indiqué la voie à suivre, en emportant hardiment une machine à vapeur sous un ballon, — volcan sous un baril de poudre comme on l'a dit, — malgré l'état, rudimentaire encore, où elle se trouvait, à l'époque où il l'utilisa. Quant aux officiers de Meudon, MM. de la Haye, Renard et Krebs, il leur reste la gloire d'avoir pu atteindre, malgré la disposition défectueuse de leur ballon, une vitesse de 6 à 7 mètres par seconde, résultat que personne avant eux n'avait obtenu. Pour nous, nous l'avouons, ce n'est pas leur retour à leur point de départ, les jours où il n'y avait pas de vent, que nous admirons ; c'est seulement le progrès indéniable qu'ils ont fait accomplir à la question.

On a pu suivre, pas à pas, dans la revue que nous avons passée des innombrables systèmes de direction des ballons, les progrès accomplis dans la compréhension des différents termes du problème à résoudre.

Au début, on crut d'abord pouvoir diriger les aérostats en leur adaptant, en des points déterminés, des
voiles que le vent gonflerait[1].

1 M. de Milly présenta à cette époque à l'Académie un mémoire sur
la direction des ballons, curieux à plus d'un titre :

« Il s'agit actuellement, dit-il, de la direction des ballons, dont tout
le monde parle, et qu'on cherche dans les moyens mécaniques les plus
compliqués, tandis que nous avons sous les yeux des modèles de ce que
l'on doit employer pour remplir le but qu'on se propose.

« Les uns veulent des voiles, les autres des ailes comme les oiseaux,
et d'autres désirent des nageoires comme les poissons.

« Je vais examiner ces trois moyens les uns après les autres, pour
tâcher d'avoir un résultat satisfaisant.

« La navigation aérienne diffère de la nautique dans un point essentiel : dans la nautique, les vaisseaux voguent dans un fluide qui les porte,
et s'élèvent dans un autre qui est plus de huit cents fois moins dense,
ce qui donne la facilité d'employer des voiles. Leur effet était de multiplier les surfaces, afin de recevoir une plus grande quantité de force du
fluide qui pousse, pour vaincre la résistance du fluide qui porte.

« Ainsi l'on oppose deux forces inégales, dont on multiplie l'une et
diminue l'autre, autant qu'il est possible, par la grandeur des voiles
et par la forme du vaisseau.

« Mais dans la navigation aérienne ces moyens ne peuvent pas avoir
lieu, parce que le corps porté ne surnage pas ; il reste enfoncé dans le
fluide comme un vaisseau submergé qui flotterait entre deux eaux et qui
serait emporté par un courant. Dans cette situation, toutes les voiles
seraient non seulement inutiles, mais elles deviendraient très nuisibles,
en ce que, donnant plus de prise à la puissance du courant, et étant élevées au-dessus du centre de gravité, elles feraient chavirer le vaisseau.

« Dans une mer tranquille, leur effet serait absolument nul, et ne ferait
que surcharger le vaisseau, qui flotterait entre deux eaux, d'un poids tout
au moins inutile.

« Un ballon aérostatique est le corps flottant et submergé dans un
fluide ; toutes les voiles ne pourraient que lui nuire, et il faut consulter
là-dessus les officiers de vaisseau. Je suis bien trompé s'ils ne sont pas
de mon avis.

« Quant au vol des oiseaux et à la marche des poissons, la construc-

Quand on se fut assuré qu'il n'y avait pas de vent en ballon, que la sphère de gaz marchait avec le courant d'air, et que les voiles resteraient flasques et pendantes, on eut l'idée de les faire progresser dans l'atmosphère en agitant des rames.

Dès qu'ils eurent lancé leur première montgolfière à Annonay, l'idée de diriger ces globes nouveaux vint à l'idée des frères Montgolfier, et les deux inven-

tion naturelle de ces premiers démontrera toujours, aux yeux des physiciens, que ce n'est que chez eux que l'on doit chercher, jusqu'à un certain point, des modèles pour diriger les ballons : 1º parce que la nature ayant destiné les oiseaux à habiter plus la terre que les airs, leur construction est mixte et relative à leur destination ; 2º la vélocité du mouvement des ailes dans les oiseaux est presque inimitable, et serait inapplicable aux ballons aériens, qui n'auront jamais assez de solidité pour supporter les efforts nécessaires pour produire un mouvement aussi accéléré.

« Quant aux poissons, leurs nageoires, et surtout la position et le mouvement de leurs queues semblent indiquer les moyens les plus convenables à la direction des machines aérostatiques.

« Les nageoires sont courtes, larges, et placées un peu obliquement ; la queue, placée verticalement, fait l'office de gouvernail, et l'on voit assez qu'elle a servi de modèle dans l'art nautique à celui des vaisseaux. Les nageoires semblent aussi avoir été le type des rames, et je pense que ce sont là les meilleurs et les principaux moyens qu'on peut employer dans la navigation aérienne : mais les poissons ont un avantage que l'art n'imitera pas aisément ; c'est la faculté d'augmenter ou de diminuer à volonté leur pesanteur spécifique, par le moyen de leur vessie aérienne qu'ils vident pour descendre et qu'ils remplissent pour monter.

« Les ballons suspendus par le moyen du feu auront, à la vérité, la facilité de monter et de descendre, en allumant ou en éteignant les lampes ; mais dans le système des substances *aériformes* l'ascension ne sera jamais aisée, parce qu'on sera toujours obligé de renouveler le gaz, lorsque, pour descendre, on l'aura laissé s'échapper.

« Cependant, si l'on fait attention au peu de force qu'il faut employer

teurs voulurent perfectionner leur œuvre. En 1783, Joseph écrivait ce qui suit à son frère :

« En grâce, mon bon ami, réfléchis, calcule bien ; si tu emploies des rames, il te les faudra faire grandes ou petites ; si elles sont petites, il faudra les faire mouvoir avec d'autant plus de rapidité. Faisons compte sur un globe de 100 pieds de diamètre... » Calcul fait, il conclut que trente hommes ne pourraient pas pendant cinquante minutes manœuvrer un appareil à

pour mouvoir un corps, quelque lourd qu'il soit, lorsqu'il est parfaitement en équilibre, et qu'on observe ensuite le mouvement des ailes d'un oiseau qui plane dans les airs et qui s'élève ensuite, on serait tenté de croire qu'on pourrait monter et descendre par le jeu de deux rames attachées horizontalement par des charnières sur les deux côtés opposés d'un corps suspendu et en équilibre au milieu des airs, lesquelles rames se mouvraient verticalement. Pour monter, il faudrait faire agir les rames ou les ailes artificielles sur la colonne d'air inférieure, et pour descendre l'inverse aurait lieu. Il faudrait, pour obtenir un effet plus complet, que ces ailes pussent se retourner, après avoir appuyé et fait effort sur le fluide, afin que, dans le mouvement contraire, elles ne présentassent que tranche au même fluide résistant. Un peu d'exercice suffirait pour exécuter facilement cette manœuvre.

« A l'égard du mouvement horizontal, il me paraît démontré que les rames seules suffisent : on peut les faire avec du taffetas, du papier ou du parchemin.

« On doit donner la préférence à la matière la plus légère, et en même temps la plus solide ; je crois donc que le taffetas vernissé ou ciré serait ce qui conviendrait le mieux. Il ne faut pas croire que ces rames doivent être d'une grandeur énorme. Le corps flottant dans l'air étant dans un équilibre parfait, le moindre effort suffira pour le mettre en mouvement et le diriger où l'on voudra, si toutefois les vents, qui sont à la navigation aérienne ce que les courant sont dans l'eau pour les corps qui y flottent, ne sont pas directement contraires. »

rames et que, en admettant qu'ils le pussent, la vitesse ne serait pas supérieure à 7 ou 8 kilomètres par heure. « Je ne vois un moyen efficace de direction, ajoutait-il, que dans la connaissance des différents courants d'air dont il faudrait faire une étude ; il est rare qu'ils ne varient pas suivant les hauteurs. »

De cette idée : rechercher des courants à diverses hauteurs dans l'atmosphère, résulta l'invention du ballonnet à air par Meusnier, pour éviter les pertes constantes de gaz et de lest. Nous avons vu quel chemin a été fait depuis lors par cette question de douer un ballon d'une force d'ascension variable. Nous avons assisté aux recherches malheureuses de Pilâtre de Rozier, nous avons pris connaissance des projets de MM. Bouvet et Duponchel, parmi les plus sérieux des procédés physiques employés pour la solution de ce problème, ainsi que des systèmes, se basant sur des lois mécaniques, de Jobert, Capazza et de bien d'autres. En un mot nous avons entrevu un moyen de tourner le problème. Que peut, convenablement appliqué, donner ce procédé ?

A cette question, il a été depuis longtemps répondu par les nombreuses et patientes observations des physiciens, météorologistes et savants aéronautes. Non, les courants ne peuvent pas donner la navigation atmosphérique, quel que soit le moyen mis à profit

pour atteindre sans difficulté les différentes couches
aériennes. Les vents sont beaucoup trop variables,
pour qu'on puisse en tirer parti, autrement que par
hasard. Il n'y a pas de vents alizés, soufflant constamment à travers l'atmosphère, pas plus qu'il n'existe
régulièrement de courants de tel ou tel sens à différentes hauteurs. Il faut abandonner l'espoir d'utiliser
d'une façon suivie et pratique les vents soufflant de
la façon la plus variable dans les hautes régions.

Il ne reste donc qu'à aborder franchement la question et vaincre hardiment les courants, ce qui ne
peut s'obtenir qu'à la condition d'avoir un appareil
dont la vitesse propre soit supérieure à celle de ces
courants. C'est ainsi que le problème doit être posé,
pour se trouver sur ses vraies bases, et c'est ce que l'on
a fini, depuis peu, par comprendre. Nous allons voir
successivement laquelle a le plus de chances, de l'aérostation ou de l'aviation, de remplir ce programme.

Tout le monde se rappelle des paroles de Babinet,
adversaire acharné *du plus léger que l'air* :

« Comment faire résister et manœuvrer contre le
vent des ballons comme *le Flesselles* (qui cubait
20 700 mètres cubes) et dont le diamètre mesurait
120 pieds. Il faudrait une force de quatre cents chevaux-vapeur pour mettre en lutte à peu près égale
avec le vent une semblable voile de vaisseau ! Sup-

posez, — ce qui est impossible, — qu'un ballon pût emporter une telle force motrice de 400 chevaux, et ce grand effort ne servirait absolument à rien, car vous appréciez tout de suite que, sous cette effroyable pression, votre ballon s'écraserait dans sa fragile enveloppe. Supposez encore tous les chevaux d'un régiment attelés par une corde à la nacelle d'un ballon, vous obtiendrez, pour tout résultat, de voir voler en éclats votre ballon. »

M. Babinet ne s'occupait que du ballon rond qui, certainement, est absolument indirigeable. Mais, depuis l'époque où cet académicien parlait ainsi, la science a marché et nous n'avons qu'à nous rappeler des assertions de M. Gabriel Yon (p. 231) qui dit qu'un aérostat de 60 000 mètres cubes peut, sans se déformer par la vitesse et grâce à la compression de l'air dans un réservoir spécial, attenant au ballon porteur, ne présenter que 40 mètres carrés de plan mince, et, par suite, être doté d'une vitesse propre de 60 kilomètres à l'heure.

Une seule difficulté est donc à vaincre dans ces conditions, et, comme en aviation, c'est la question du moteur. M. Yon espère pouvoir faire soulever, à un aérostat du cube cité plus haut, une machine de 600 chevaux-vapeur de force, nécessaire pour imprimer au système une vitesse trois fois supérieure aux

vents régnant le plus souvent dans nos climats. Mais
nous craignons qu'une machine à vapeur de cette
puissance ne soit ou trop lourde ou trop volumineuse,
pour être suspendue sous un ballon. Sans cela, pour
la rigidité de tout l'appareil et sa résistance à la pression de l'air, nous avons pleine confiance en les lu-
mières du savant ingénieur, successeur des bonnes
traditions laissées par Henri Giffard.

Le torpilleur aérien à grande vitesse que nous avons
décrit, ne tardera pas, d'ailleurs, à être expérimenté,
— non en France, il est vrai, — mais en Russie, sous
les auspices du czar et du grand-duc Wladimir, et les
résultats qu'il donnera pourront peut-être bien convaincre les incrédules que la direction des ballons, au
lieu d'être une chimère, est, au contraire, parfaitement résoluble, quand on applique à ce problème les
lois scientifiques les plus rigoureuses et les principes
rationnels de la mécanique et de la physique. Oui,
nous en sommes convaincu, la navigation aérienne,
au moyen d'appareils *plus légers que l'air*, est parfaitement possible, tant que les courants irrésistibles, les
tempêtes et les ouragans, — rares, en somme, —
ne se mettront pas de la partie. Sans quoi, adieu la
dirigeabilité, c'est évident; l'aérostat, malgré ses
machines et ses propulseurs, sera emporté comme
une plume. C'est alors qu'on reconnaît la supériorité

des appareils *plus lourds que l'air*, qui n'offrent pas aux courants déchaînés l'immense surface des aérostats, si allongés qu'on les fasse.

On peut répondre évidemment à cette objection en disant que, pas plus que les steamers ne sortent du port, lorsque la mer est démontée, les aéronefs dirigeables ne s'envoleront quand régnera, en maîtresse souveraine, la bourrasque. Mais alors, il y aura des saisons entières où les ballons ne pourront sortir de leur lieu de garage, tandis que les hélicoptères vogueront quand même en plein ciel.

Nous ne savons ce que l'on fait actuellement à l'usine militaire d'aéronautique de Chalais-Meudon et si réellement on s'y occupe encore de ballons dirigeables. Mais, quoiqu'il ne nous appartienne à aucun titre de critiquer ce qui a été fait, nous nous permettrons de faire remarquer quelques points dont il devrait être tenu compte en cas de reconstruction d'un nouvel aérostat.

La forme symétrique des deux extrémités du ballon nous semble préférable à celle primitivement donnée. Il faudrait réduire les dimensions de la nacelle, qui, si elle n'est pas démontable, serait fort peu pratique en cas d'une descente à une grande distance du port d'attache du ballon. Par suite, il y aurait moins de suspensions, moins de frottements

sur l'air, et par conséquent, résistance moindre à
l'avancement. La situation de l'hélice à l'avant de la
nacelle est de tous points vicieuse, pour beaucoup
de raisons, dont les principales sont la résistance
éprouvée à l'avancement par l'air qui vient frapper
tout le système et le rendement insuffisant de la traction opérée en un point faux. La place rationnelle de
l'hélice est tout indiquée à l'arrière de l'aérostat ou de
la nacelle, avant le gouvernail, comme dans les bateaux à vapeur. Si l'on trouve préférable, ce dont
nous doutons pour notre part, de la faire agir par
traction plutôt que par poussée, elle serait certainement mieux placée à la pointe avant ou au centre de
gravité du ballon, qu'à la proue de la nacelle. Enfin,
le moteur électrique est insuffisant comme durée, et
inférieur à tous points de vue à la machine à vapeur.
Il faudra le changer et en revenir au vénérable générateur employé en 1852 par Giffard et dédaigné par
les prudents officiers français.

La navigation aérienne par aérostats allongés, munis de propulseurs mus par la vapeur, est donc
appelée, dans un laps de temps qu'on peut prévoir,
à devenir pratique et d'un emploi certain pour les
transports. Elle est entièrement subordonnée à la
question de construction de ballons monstres, de
taille colossale et cubant des centaines de mille mè-

tres cubes. Plus l'aérostat sera volumineux, plus il sera puissant; plus sa vitesse et la durée des voyages qu'il pourra exécuter seront grandes. C'est une simple question d'argent maintenant. Voyons, à côté de cela, l'avenir de la navigation atmosphérique au moyen d'appareils mécaniques *plus lourds que l'air*.

Le mieux qu'on ait fait dans ce genre, ce sont les hélicoptères de Philips, Ponton d'Amécourt, Dieuaide, Castel et Forlanini. Nous avons vu que le premier de tous ces modèles n'était qu'un éolipyle, impraticable dans de plus grandes dimensions qu'il n'avait été construit par son inventeur. Le second, mû par la vapeur, était trop lourd pour pouvoir s'enlever. Celui de M. Dieuaide n'a paru à son auteur être doué que d'une force ascensionnelle de 15 kilogrammes par cheval-vapeur. Le modèle de M. Castel avait une surface qui donnait une trop grande prise à l'air en mouvement; enfin le dernier, imaginé par M. Forlanini, le seul qui ait pu emporter avec lui sa chaudière, n'eût peut-être pas donné, en grand, les mêmes résultats.

De tous les travaux, essais et tentatives des aviateurs, il appert une chose évidente, c'est que la force motrice appliquée à tous ces appareils est insuffisante. Pour équilibrer la pesanteur, la force d'attraction du centre terrestre, il faut produire cinq kilogrammètres par kilogramme que l'on veut soulever. Les moteurs à vapeur ne peuvent aucunement

Fig. 43. — Le plus léger des moteurs à gaz (système Koerting) applicable à la navigation aérienne.

donner la force nécessaire sous le poids qui ne doit pas être dépassé. Nous avons vu que les hélices ne donnent, au maximum, que de 12 à 15 kilogrammes de force ascensionnelle par cheval de force dépensé. Or, ainsi que nous nous en sommes rendu compte par le calcul, il est impossible de réduire à ce point le poids des pièces mécaniques nécessaire, quand il s'agit surtout de moteurs de 100 chevaux.

Il faut donc absolument recourir à d'autres moteurs, et demander à la chimie la puissance que la physique nous refuse. Un moteur pour l'aviation ne doit pas exiger d'approvisionnements considérables de combustible et d'eau. Il est de toute nécessité qu'il ne pèse que 5 ou 6 kilogrammes par cheval-vapeur. Enfin il doit être aussi pratique et d'un fonctionnement aussi régulier que la meilleure machine à vapeur.

Après des recherches multipliées et des études théoriques poussées aussi loin qu'il est possible, nous nous sommes convaincu qu'il n'y avait qu'aux gaz que l'on pouvait demander ce que les vapeurs nous refusaient, et, parmi eux, ceux que la chimie parvient à facilement liquéfier, et qui donnent alors, en se décomprimant et en reprenant leur forme primitive, une pression formidable obtenue presque sans chaleur. Nous avons rangé ces gaz dans l'ordre suivant, d'après la puissance qu'ils peuvent développer :

Acide carbonique liquide;

Ammoniac;

Mélange de gaz acide carbonique dissous dans l'eau.

Pour nous, après avoir mûrement pesé les avanta-
ges et les inconvénients de chacun de ces corps, nous
donnerions la préférence au gaz ammoniac, qui se
liquéfie facilement, dont le prix est peu élevé, et qui
n'est aucunement dangereux. En employant, comme
mécanisme moteur, une machine à trois pistons, analogue à celle de Brotherhood, et que sa grande vitesse
rend applicable sans transmissions à la mise en marche des machines dynamo-électriques, et en conden-
sant le gaz, après qu'il a travaillé, dans un condenseur
en serpentin plongé dans un mélange d'acide carbonique solide et d'éther, dont la température est de
— 70°, le poids du cheval-vapeur s'abaisse, ainsi que
nous l'avons calculé, à $6^{ks},250$ pour une machine de
plusieurs chevaux.

Le jour où ce fait aura été bien compris et où l'on
fera des aéronefs de grande taille emportant leurs
aéronautes, on aura certainement la solution la plus
rationnelle du grand problème de la navigation
atmosphérique. Au lieu d'immenses aérostats, —
donnant il est vrai pour rien la force soulevante,
mais dont la surface opposée à l'air sera toujours
énorme, — on verra glisser dans les airs et avec une
surprenante rapidité, les locomotives aériennes entre-
vues par Nadar. Et ces appareils mécaniques seront
vraiment les maîtres de l'atmosphère domptée : ils

pourront voguer par tous les temps sans craindre les remous et tourbillons aériens, les bourrasques subites et les ouragans brusquement déchaînés. C'est aux aéronefs seules qu'est réservé, certainement, le privilège de la conquête de l'air, mais hélas ! quand les verrons-nous sillonner les nues de leur vol fantastique?...

Cependant ne désespérons pas, l'hélicoptère, comme toute chose, arrivera à son heure, par la seule force des événements : il eût été trop tôt en 1863. Mais il faut encore bien des travaux, bien des études. Le sang des martyrs n'a pas encore arrosé ce sillon fécond. La route est maintenant tracée, le problème posé sous son vrai jour, — et, par suite, à moitié résolu. Il ne reste plus qu'à aller de l'avant, hardiment et courageusement, dans la voie indiquée par les chercheurs qui nous ont précédés, et en répétant, dans les moments de découragement et d'amère défaillance, la grande devise qui fut celle de Fulton, de Stephenson et de tous ceux qui ont doté l'humanité des conquêtes de leur génie sur la matière : *Persévérance !* L'industrie humaine est parvenue à remuer des montagnes, à changer la face du globe, à vaincre l'Océan et à assujettir la nature physique à ses lois. Cette planète est conquise et les éléments qui résistaient à l'homme primitif sont vaincus par l'homme civilisé.

Pourquoi donc notre œuvre resterait-elle inachevée?
Pourquoi ne disputerions-nous pas l'espace à l'aigle
puissant et à la rapide hirondelle ?...

TABLE DES MATIÈRES

DEUXIÈME PARTIE

FIN DE LA TABLE DES MATIÈRES

LYON — IMPRIMERIE PITRAT AÎNÉ, RUE GENTIL, 4.

LIBRAIRIE J.-B. BAILLIÈRE ET FILS

19, Rue Hautefeuille, près du Boulevard Saint-Germain, Paris.

BIBLIOTHÈQUE SCIENTIFIQUE CONTEMPORAINE

A **3** FR. **50** LE VOLUME

Nouvelle collection de volumes in-16, comprenant 300 à 400 pages,
imprimés en caractères elzéviriens et illustrés de figures intercalées dans le texte.

22 volumes sont publiés.

La *Bibliothèque scientifique contemporaine*, d'un format commode et d'un prix modique, s'adresse à tous ceux qui, désireux de ne pas rester étrangers au mouvement scientifique de leur époque, n'ont ni le temps ni la facilité de recourir aux sources.

Les questions d'actualité sont présentées avec des développements en rapport avec leur importance, et débarrassées des formules techniques ; les nouvelles découvertes et les nouvelles applications de la science sont exposées à mesure qu'elles se produisent ; les recherches originales sont vulgarisées par leurs auteurs.

Ménager le temps du lecteur, et lui présenter ce qu'il a besoin de connaître sous une forme condensée et attrayante, tel est le but que se proposent les auteurs qui ont promis leur concours à cette œuvre de vulgarisation.

Aucune traduction n'est admise à prendre place dans la collection : il n'est publié que des livres originaux, par des auteurs écrivant en langue française.

Parmi les plus illustres représentants de la science, qui concourent à la rédaction de la *Bibliothèque scientifique contemporaine*, nous citerons : MM. de Quatrefages et Albert Gaudry, de l'Institut et du Muséum ; M. Fouqué, de l'Institut et du Collège de France ; MM. Duclaux et Velain, de la Faculté des sciences ; Claude Bernard, de l'Institut ; M. Ed. Perrier, du Muséum ; MM. Brouardel et Gabriel Pouchet, de la Faculté de médecine ; MM. Bouant et Maurice Girard, de l'Enseignement secondaire ; M. Foville, inspecteur des établissements de bienfaisance ; M. de Baye, de la Société des Antiquaires de France ; MM. Boucheron et Knab, de l'École centrale, etc.

Paris n'est pas seul à fournir à la *Bibliothèque* ses collaborateurs. Au nombre des savants qui lui prêtent le concours de leur talent, nous cilerons : MM. Beaunis, A. Charpentier. Bleicher, Léon Garnier, Schmitt et Vuillemin, de la Faculté de Nancy ; M. Azam, de la Faculté de Bordeaux ; MM. Cazeneuve, Debierre et Max Simon, de la Faculté de Lyon ; M. Moniez, de la Faculté de Lille ; M. Imbert, de la Faculté de Montpellier ; M. Girod, de la Faculté de Clermont-Ferrand ; MM. Bourru et Burot, de l'École de Rochefort ; M. Lefèvre, de l'École de Nantes ; MM. Marion et Heckel, de la Faculté de Marseille ; M. de Saporta, correspondant de l'Institut, à Aix ; M. de Folin, à Biarritz ; M. Cullerre, à la Roche-sur-Yon ; M. Ferry de la Bellonnes, à Arles, etc.

En Belgique et en Suisse, M. Léon Frédéricq, de l'Université de Liège ; M. Dollo, aide-naturaliste au Muséum de Bruxelles ; M. Herzen, de l'Académie de Lausanne.

Dans le cadre de cette *Bibliothèque* sont comprises toutes les sciences physiques, chimiques, naturelles et médicales.

Parmi les sujets traités, nous signalerons :

En astronomie et en météorologie : *la Prévision du temps, les Merveilles du ciel.*

En physique : *le Microscope, les Anomalies de la vision.*

En chimie : *le Lait, la Coloration des vins, les Ferments et les fermentations, l'Eau.*

En applications industrielles des sciences : *les Bières françaises, la Photographie, la Galvanoplastie et l'Electro-métallurgie, la Navigation aérienne.*

En minéralogie, en géologie, en paléontologie : *les Ancêtres de nos animaux, les Tremblements de terre, les Vosges, les Minéraux utiles, les Volcans, les Glaciers.*

En anthropologie : *les Pygmées, l'Homme avant l'histoire, la France préhistorique, l'Archéologie préhistorique.*

En zoologie : *le Transformisme, Sous les mers, la Lutte pour l'existence chez les animaux marins, les Parasites, les Abeilles, les Laboratoires de zoologie marine.*

En botanique : *la Vie des plantes, la Truffe, l'Origine des arbres cultivés, les Plantes fossiles.*

En physiologie : *Magnétisme et hypnotisme, le Somnambulisme provoqué, Double conscience et altérations de la personnalité, le Cerveau et l'Activité cérébrale, la Suggestion mentale, la Lumière et les couleurs.*

En hygiène et en médecine : *Microbes et maladies, le Secret médical, les Frontières de la folie, Nervosisme et névroses, les Maladies de l'esprit, les Nouvelles institutions de bienfaisance, le Monde des rêves.*

OPINION DE LA PRESSE

Quand les savants qui ont travaillé à faire avancer la science veulent bien travailler aussi à la répandre, ils se montrent généralement des vulgarisateurs hors ligne, par cette raison que pour vulgariser il faut connaître à fond, et qu'on ne connaît bien les difficultés d'un sujet que lorsqu'on s'est efforcé de les résoudre. Les personnes qui s'intéressent aux progrès de la science, comme les savants de profession, auront donc plaisir et profit à la lecture des volumes de la *Bibliothèque scientifique contemporaine* : les premières y trouveront de la science sérieuse sous une forme lucide et élégante qui fait de ces livres non seulement des œuvres de vulgarisation, mais encore et plutôt des œuvres d'initiation à des méthodes et à des recherches dont ils développent le goût et la curiosité ; et les savants aussi aimeront à revoir, avec l'expression même que leur a donnée leur auteur, les théories qui leur sont familières, et à retrouver, à côté des faits acquis de la science fixée, toutes les prévisions de la science pressentie que l'avenir devra plus tard justifier.

Revue scientifique.

La *Bibliothèque scientifique contemporaine* promet une série de livres utiles et pratiques, qui nous permettent de lui pronostiquer un succès complet et mérité.

Revue des deux mondes.

Les sciences ont fait de rapides progrès. Les savants n'ont pas besoin qu'on leur décrive ce mouvement, qui est leur œuvre ; mais les gens du monde, les personnes à l'esprit cultivé ne sauraient le contempler avec indifférence. C'est dans le but de mettre à leur portée les dernières acquisitions de la science que la librairie J.-B. Baillère et fils a fondé la *Bibliothèque scientifique contemporaine* : en quelques pages d'une lecture facile, les hommes spéciaux y exposent les questions nouvelles, à la solution desquelles ils ont contribué.

Journal de Genève.

Les gens du monde sont gens heureux, chacun s'empresse à leur faciliter l'accès des sciences qui resteraient lettre close pour eux, si toujours ne se rencontraient écrivains et éditeurs, désireux de récolter leurs suffrages. La *Bibliothèque scientifique contemporaine* est la preuve de ce fait. Nous suivons avec intérêt son développement, car nous sommes de ceux qui pensent que la science ne perd pas à être vulgarisée, et que, lorsque ses admirateurs seront plus nombreux, la haute culture à laquelle chaque nation doit tendre n'en sera que plus certaine.

Moniteur scientifique.

Le succès de la *Bibliothèque scientifique contemporaine* est assuré, autant par la valeur des œuvres qu'elle publie que par son bon marché et son élégance.

La Science en famille.

LA COLORATION DES VINS

PAR LES COULEURS DE LA HOUILLE

Méthode analytique et marche systématique pour reconnaître la nature de la coloration

Par P. CAZENEUVE

Professeur à la Faculté de Lyon.

1 vol. in-16 avec 1 planche......................... 3 fr. 50

M. Cazeneuve a réuni tous les documents relatifs à l'emploi, pour la coloration des vins, des matières colorantes extraites de la houille.

La première partie est consacrée à l'étude toxicologique de ces composés. Elle renferme les recherches qui permettront à l'expert, non seulement de conclure à la falsification, puisque l'emploi de ces matières est formellement interdit, mais encore de dire si le vin soumis à l'analyse est susceptible de nuire à la santé, ce qui est très important au point de vue de la répression du délit.

La seconde partie, consacrée à la recherche chimique des couleurs de la houille dans les vins, énumère les caractères généraux du vin naturel, des vins fuchsinés, sulfofuchsinés, colorés par la safranine, les rouges azoïques, etc. L'auteur passe ensuite en revue les orangés, jaunes nitrés, jaunes azoïques, destinés à donner aux vins la couleur pelure d'oignon, les bleus ajoutés pour imiter la teinte des gros vins du Midi, etc.

La troisième partie intitulée : *Marche systématique pour reconnaître dans un vin les couleurs de la houille*, est certainement la plus importante : par l'emploi méthodique de quelques oxydes métalliques, M. Cazeneuve arrive à résoudre de la façon la plus satisfaisante les divers problèmes qui peuvent se présenter.

En résumé, ce livre est clair, concis. Les conclusions ont pour base les nombreuses expériences personnelles de l'auteur, et tous ceux qui s'occupent de l'analyse des vins tiendront à placer dans leur bibliothèque le très intéressant ouvrage de M. Cazeneuve.

Journal de pharmacie et de chimie, 15 janvier 1887.

LA GALVANOPLASTIE

LE NICKELAGE, LA DORURE, L'ARGENTURE ET L'ÉLECTRO-MÉTALLURGIE

Par E. BOUANT

Agrégé des sciences.

1 vol. in-16, avec 24 figures..................... 3 fr. 50

M. Bouant est un amateur qui nous parle de *choses vues*; il a évidemment travaillé lui-même : on trouve dans son livre des renseignements assez précis pour pouvoir en faire autant soi-même sans être fatigué par des détails à l'infini.

La Lumière électrique, 17 septembre 1887.

LA PRÉVISION DU TEMPS

ET LES PRÉDICTIONS MÉTÉOROLOGIQUES

Par G. DALLET

1 vol. in-16 de 336 pages, avec 38 figures......... 3 fr. 50

Qui veut mentir n'a qu'à parler du temps, dit un vieux proverbe; c'est précisément à indiquer nettement les limites dans lesquelles se meut aujourd'hui la météorologie, que le livre de M. Dallet est consacré. Il en expose les principes avec clarté, il montre les services qu'elle a rendus et qu'elle rend aux agriculteurs et aux marins, mais en même temps il montre aussi l'inanité des faux prophètes qui prétendent s'en inspirer.

Henry SAGNIER, *Journal de l'Agriculture*, 13 août 1887.

Qui n'est curieux de connaître d'avance les variations de la température? Qui n'a besoin, au point de vue de ses intérêts matériels, de savoir le temps qu'il fera demain? Agriculteurs, marins, industriels, médecins, gens du monde, tous ont un intérêt capital à savoir quand il viendra de la chaleur ou du froid, de la neige ou de la pluie.

L'ouvrage de M. Dallet intéressera non pas seulement ceux qui font de la météorologie une étude spéciale, mais aussi ceux moins savants et tout aussi curieux qui désirent simplement connaître les indications utiles que donne cette science attrayante et pratique.

Ange PIROU, *La Nation*, 19 juin 1887.

LA NAVIGATION AÉRIENNE

ET LES BALLONS DIRIGEABLES

Par H. de GRAFFIGNY

1 vol. in-16, avec 40 figures....................... 3 fr. 50

ENVOI FRANCO CONTRE UN MANDAT POSTAL.

LA BIBLIOTHÈQUE SCIENTIFIQUE CONTEMPORAINE

Publiera en 1887-88 les volumes suivants :

Les Tremblements de terre, par FOUQUÉ, professeur au Collège de France, membre de l'Institut. 1 vol. in-16 avec figures................. 3 fr. 50

L'Origine des arbres cultivés, par M. DE SAPORTA, correspondant de l'Institut de France. 1 vol. in-16, avec fig..................... 3 fr. 50

Les nouvelles Institutions de bienfaisance, les dispensaires pour enfants malades, par A. FOVILLE, inspecteur général des établissements de bienfaisance. 1 vol. in-16..................... 3 fr. 50

La Lutte pour l'existence chez les animaux marins, par Léon FRÉDÉRICQ, professeur à l'université de Liège. 1 vol. in-16, avec fig...... 3 fr. 50

Archéologie préhistorique, par le baron J. DE BAYE. 1 vol. in-16, avec 30 fig... 3 fr. 50

Variations de la personnalité, par MM. BOURRU et BUROT, professeurs à l'École de médecine de Rochefort. 1 vol. in-16, avec fig.... 3 fr. 50

Le Transformisme, par Edmond PERRIER, professeur au Muséum d'histoire naturelle. 1 vol. in-16, avec fig......................... 3 fr. 50

Les Plantes fossiles, par B. RENAULT, aide-naturaliste au Muséum d'histoire naturelle. 1 vol. in-16, avec fig.................... 3 fr. 50

Les Merveilles du ciel, par G. DALLET, 1 vol. in-16, avec fig. 3 fr. 50

Les Anomalies de la vision, par IMBERT, professeur à l'École de pharmacie de Montpellier. 1 vol. in-16, avec fig................ 3 fr. 50

Les Laboratoires de zoologie marine, par MARION, professeur à la Faculté des sciences de Marseille. 1 vol. in-16, avec fig......... 3 fr. 50

Les Bières françaises dans l'industrie et l'alimentation, par Henri BOUCHERON, professeur à l'École centrale. 1 vol. in-16, avec fig.... 3 fr. 50

Les Glaciers, par VELAIN, professeur à la Faculté des sciences de Paris. 1 vol. in-16 avec figures........................... 3 fr. 50

Les Maladies de l'esprit, par le Dr Paul Max SIMON. 1 vol. in-16. 3 fr. 50

LIBRAIRIE J.-B. BAILLIÈRE ET FILS

Bibliothèque Scientifique Contemporaine

À 3 FR. 50 LE VOLUME

Nouvelle collection de volumes in-16, comprenant 300 à 400 pages, imprimés en caractères elzéviriens et illustrés de figures intercalées dans le texte.

Les Pygmées. Les Pygmées des anciens d'après la science moderne, les Négritos ou Pygmées asiatiques, les Négrilles ou Pygmées africains, les Hottentots et les Boschimans, par A. de Quatrefages, professeur au Muséum, membre de l'Institut. 1 vol. in-16, avec figures. . . . . . . 3 fr. 50

L'Homme avant l'histoire, par Ch. Debierre, agrégé de la Faculté de Lyon. 1 vol. in-16, avec figures. . . . . 3 fr. 50

Sous les mers, Campagnes d'explorations sous-marines, par le marquis de Folin, membre de la Commission des dragages. 1 vol. in-16, fig. 3 fr. 50

Le Somnambulisme provoqué. Études physiologiques et psychologiques, par H. Beaunis, prof. à la Faculté de Nancy. 1 vol. in-16, fig. 2e édit. 3 fr. 50

Magnétisme et Hypnotisme. Phénomènes observés pendant le sommeil nerveux, par le Dr A. Cullerre. 1 vol. in-16. 28 fig. 2e édit. . 3 fr. 50

Nervosisme et Névroses. Hygiène des énervés et des névropathes, par le Dr A. Cullerre. 1 vol. in-16. . . . . 3 fr. 50

Hypnotisme, double conscience et altérations de la personnalité, par le Dr Azam, profess. à la Faculté de Bordeaux. 1 vol. in-16, avec fig. 3 fr. 50

Le Cerveau et l'Activité cérébrale au point de vue psycho-physiologique, par Alex. Herzen, prof. à l'Académie de Lausanne. 1 vol. in-16. 3 fr. 50

Le Secret médical. Honoraires, mariage, assurances sur la vie, déclaration de naissance, expertise, témoignage, etc., par P. Brouardel, professeur et doyen à la Faculté de Paris. 1 vol. in-16. . . . . . 3 fr. 50

Microbes et Maladies, par J. Schmitt, professeur agrégé à la Faculté de Nancy. 1 vol. in-16, avec 24 figures. . . . . 3 fr. 50

La Galvanoplastie, le nickelage, l'argenture, la dorure et l'électro-métallurgie, par E. Bouant, agrégé des sciences. 1 vol. in-16, avec fig. 3 fr. 50

La Suggestion mentale et l'action des médicaments à distance, par MM. Bourru et Burot. 1 vol. in-16 avec figures. . . . . 3 fr. 50

La Coloration des vins par les couleurs de la houille, méthode analytique et marche systématique pour reconnaître la nature de la coloration, par P. Cazeneuve, profess. à la Faculté de Lyon. 1 vol. in-16, avec 1 pl. 3 fr. 50

Les Abeilles. Organes et fonctions, éducation et produits, miel et cire, par Maurice Girard, président de la Société entomologique de France. 1 vol. in-16, avec 30 figures et 1 planche coloriée. Deuxième édition. 3 fr. 50

La Prévision du temps et les prédictions météorologiques, par H. Dallet. 1 vol. in-16, avec 40 figures. . . . . 3 fr. 50

Le Lait, Études chimiques et microbiologiques, par Duclaux, professeur à la Faculté des sciences de Paris. 1 vol. in-16, avec figures. . 3 fr. 50

Les Tremblements de terre, par Fouqué, professeur au Collège de France, membre de l'Institut. 1 vol. in-16. . . . . 3 fr. 50

L'Origine des arbres cultivés, par M. de Saporta, correspondant de l'Institut de France. 1 vol. in-16, avec figures. . . . . 3 fr. 50

La Lutte pour l'existence chez les animaux marins, par Léon Fredericq, professeur à l'Université de Liège. 1 vol. in-16, avec fig. . . 3 fr. 50

LYON. — IMPRIMERIE PITRAT AÎNÉ, RUE GENTIL, 4.